Alessandro Colace:

„ Aerodinamica per appassionati volume secondo"

© 2013 di Alessandro Colace. Tutti i diritti riservati.

ISBN 978-1-291-28522-2

ALESSANDRO COLACE

AERODINAMICA

PER

APPASSIONATI

Volume secondo

1. *Potenziale complesso*

2. *Teorema di Blasius per le forze agenti su un corpo*

3. *Teorema del residuo*

4. *Interazione fra vortici puntiformi: metodo delle immagini.*

5. *Moto di due anelli vorticosi.*

6. *Strato limite: introduzione ed ipotesi di base.*

7. *Spessore dello strato limite*

8. *Resistenza di forma e di attrito per flusso laminare o turbolento*

9. *Equazioni dello strato limite in forma adimensionale*

10. *Equazione di Prandtl dello strato limite*

11. *Andamento della pressione nello strato limite*

12. *Somiglianze e differenze delle equazioni dello strato limite rispetto alle eq. di Navier-Stokes*

13. *Condizioni al contorno per le eq. dello strato limite*

14. *Aumento di spessore dello strato limite*

15. *Soluzioni simili. Strato limite intorno a lastra piana: equazione di Blasius*

16. *Tensione di parete e resistenza per flusso intorno a lastra piana*

17. *Equazione di Falkner-Skan*

18. *Spessore di spostamento*

19. *Spessore della quantità di moto*

20. *Coefficiente di resistenza per moto laminare e m. turbolento*

21. *Resistenza d'attrito e resistenza di forma per moto laminare e turbolento; differenze tra corpo tozzo e corpo affusolato*

22. *Eq. integrale di Von Karman*

23. *Soluzione dell'equazione integrale di Von Karman per flusso intorno lastra piana*

24. *Separazione dello strato limite. Spoilers*

25. *Effetto del gradiente di pressione avverso, del moto laminare o turbolento*

26. *Dispositivi per il controllo della separazione*

27. *Metodo di Pohlhausen per le soluzione dell'eq. di Von Karman*

28. *Caratteristiche geometriche dei profili alari*

29. *Andamento dei coefficienti aerodinamici in funzione di Re e dell'incidenza*

30. *Incidenza di portanza nulla ed incidenza di stallo*

31. *Velocità di stallo*

32. $C_{L\,max}$

33. Polare della resistenza ed efficienza aerodinamica

34. Effetto delle appendici aerodinamiche

35. Strato vorticoso

36. Teoria di Glauert per flusso potenziale intorno profili sottili: equazione fondamentale

37. Applicazione per profilo simmetrico: C_D e C_L

38. Momento, centro di pressione e centro aerodinamico per profilo simmetrico

39. Flusso intorno profili asimmetrici

40. Centro di pressione e centro aerodinamico per profilo con inarcamento

41. Incidenza di portanza nulla

42. Calcolo del flusso intorno ad un arco di parabola

43. Stabilità dell'ala

44. Effetto del piano di coda e flaps

45. Studio di un biplano

46. Aumento di portanza per effetto suolo

47. *Equazione della linea portante di Prandtl.* <u>**TEORIA DI PRANDTL PER L'ALA FINITA**</u>

48. *Passaggio dalla teoria dell'ala infinita a quella dell'ala finita. Velocita indotta e resistenza indotta. Ala ellittica*

49. *Variazione della circolazione lungo l'apertura alare*

50. *Equazione fondamentale*

51. *Distribuzione ellittica della circolazione*

52. *Incidenza indotta e resistenza indotta*

53. *Variazione del C_D per ali con diverso allungamento*

54. *Relazione tra portanza ed incidenza in funzione dell'allungamento*

55. *Effetto del rapporto di rastremazione*

56. *Caratteristiche principali del moto turbolento*

57. *Scale della turbolenza*

58. *Media temporale e media d'insieme*

59. *Decomposizione di Reynolds*

60. *Teoria della lunghezza di mescolamento*

1. *Potenziale complesso.*

Tutti i casi visti di potenziali semplici possono essere conglobati in un unico potenziale complesso, ossia un potenziale che sfruttando l'analisi complessa permette di ricavarli tutti come sottocasi.

Oltre alla descrizione che abbiamo visto che si fonda sull'uso del potenziale semplice ve ne è una che congloba tutti i casi visti facilmente servendosi dell'analisi complessa . Per metterla in campo mi servo di un nuovo potenziale che chiamo complesso che è una funzione complessa che ha come parte reale la funzione scalare potenziale e come parte complessa la funzione di corrente. Dove le funzioni potenziale e di corrente soddisfano alle condizioni di Cauchy Riemann ossia quelle di analiticità delle funzioni componenti. Inoltre già si dimostra come la derivata complessa di questo potenziale complesso sia unica proprio per le condizioni di Cauchy Riemann viste. Con questa funzione nuova di potenziale complesso ripercorro tutti i vari casi di soluzione semplice già viste.

Corrente uniforme > $f = Az$

Sorgente-pozzo > $f = A \ln(z)$

Doppietta > $f = A/z$

Questo nuovo strumento ci permetterà di introdurre le formule di Blasius e di generalizzare il teorema di Kutta Joukowskij.

2. Teorema di Blasius per le forze agenti su un corpo.

Questo è il teorema che fondandosi sul nuovo campo complesso introdotto permette di calcolare con semplicità le forze. Prendendo infatti come contorno del corpo la linea di integrazione lungo cui misura l'incremento dz della variabile si vede che su questo elementino agisce una forza decomponibile in 2 componenti una orizzontale ed una verticale .Queste integrate su tutto il contorno del corpo danno proprio la resistenza e la portanza insistenti su questo. Queste due forze costituiscono proprio la pa parte reale e quella immaginaria (a parte i) della nuova grandezza complessa che chiamo forza aerodinamica:

$$\vec{F} = D - iL = \oint_{\partial \Omega} -ip\, dz^*$$

Anche la equazione di Bernoulli assumerà una nuova

3. Teorema del residuo.

Con questo teorema possiamo circondare il profilo alare in un campo 2-D mediante un circuito e andare a sommare tutti i contributi della velocità complessa intorno al profilo, ottenendo cosi la circolazione intorno al profilo!! Con questa posso poi calcolare la forza sul profilo colla formula di Blasius che vedremo innanzi.

4. *Interazione fra vortici puntiformi: metodo delle immagini.*

Abbiamo detto come l'analisi potenziale faccia capo a soluzioni particolari come quella di vortice per ricostruire i campi aerodinamici intorno a oggetti di nostro interesse, ciò consente di dare una simulazione del fenomeno reale senza trarre in considerazione la viscosità. Se ricordiamo quanto si era detto sul vortice sappiamo che esso per la <u>legge di Biot-Savart</u> era in grado di influire su ogni punto del campo, ebbene ci accorgiamo che sovente delle situazioni aerodinamiche imitano molto il comportamento di un vortice o di una associazione di questi, posso allora adottare questi modelli elementari per ricreare i campi di alterazione prodotti. In più mi accorgo che posso simulare l'interazione di uno o più vortici col terreno o con pareti di montagne o grattacieli o altro eliminando mentalmente questo ostacolo e ponendo in posizione simmetrica al vortice o gruppo di vortici rispetto alla parete un vortice o gruppo di vortici uguali e contrari. Perché funziona? Perché si sfrutta la idealità del modello del vortice e la sua applicabilità perfetta colle condizioni di simmetria, insomma se ho due vortici distinti si avrà una induzione mutua tra i due dello stesso genere di quella vista in elettromagnetismo.

Quindi se la coppia dei vortici ha lo stesso segno comincerà a ruotare intorno ad un punto che è il baricentro della coppia. La situazione con vortici contravversi è invece quella che troviamo alle estremità alari.

Le coppie di vortici di questo tipo , ma con intensità uguali, e i vortici in prossimità delle pareti possono essere facilmente trattati mediante il metodo delle immagini, questo consiste nel mettere un vortice uguale e contravverso in una posizione speculare al primo rispetto alla parete . Quindi il campo che si crea ad esempio per un vortice in prossimità di una parete può essere ricreato immaginando di eliminare la parete e di mettere un vortice uguale al primo in una posizione speculare al primo rispetto alla parete , il campo in un generico punto sarà allora dato da quello generato dal vortice reale cui andrà sommato quello generato nel punto dal vortice virtuale. Con questi strumenti è possibile chiarire la natura dell'effetto suolo, effetto che ha sviluppi notevoli nei nostri campi specie recentemente[1]. L'applicazione di questo metodo è presentata con una splendida immagine nel report NACA n116 del 1923 di Prandtl stesso a pag 26. L'effetto suolo è anche proprio di molte altre realizzazioni tecnologiche. Si pensi alle automobili ad esempio.

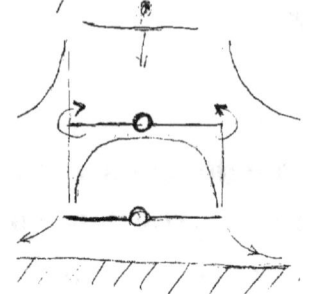

---

[1] I velivoli di assalto sovietico del tipo "Ekranoplan" utilizzano proprio il principio dell'ala ad effetto suolo . si tratta di mezzi non convenzionali che utilizzano, per il loro sostentamento aerodinamico, il principio secondo il quale un'ala di grosse dimensioni nelle vicinanze della superficie crea una portanza maggiore per effetto della compressione dell'aria. Questo fenomeno , studiato fin dal 1921 dal tedesco Wieselberger (Carl Eberstahl 4-11—1887 ,Aachen 26-4-1941) , viene utilizzato munendo di ali i velivoli destinati a volare a piccola altezza sulla superficie del terreno o meglio ancora sopra l'acqua, mantenendosi sul cuscino d'aria che si crea tra l'ala e la superficie sottostante. Il sostentamento è agevolato anche dalla depressione che si crea sopra l'ala. Il valore di tale effetto dipende, particolarmente , dal rapporto tra la distanza dell'ala dalla superficie e l'ampiezza media dell'ala stessa che utilizza il sostentamento.

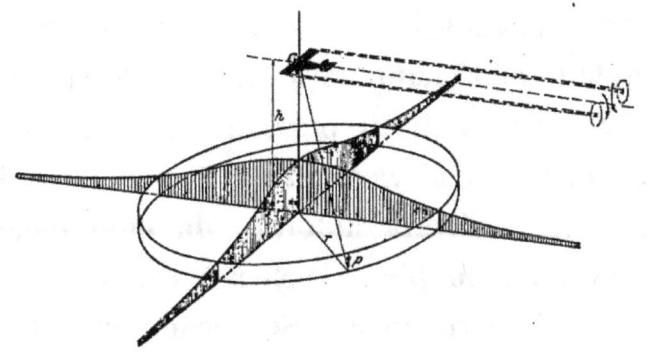

illustrazione 1 perturbazione dei vortici di estremità alare sulla atmosfera in prossimità del suolo

<u>Effetto suolo:</u> Con questo termine si indica quel complesso di fenomeni che si manifestano quando un aeroplano in Volo si trova a quote, rispetto al terreno sottostante, dell'ordine della corda alare[2]. Allora si riscontrano incrementi anche rilevanti dell'efficienza del velivolo, che possono portare a fenomeni di galleggiamento per cui l'aereo compie lunghe planate a quota minima, senza riuscire a toccare terra, con corrispondenti aumenti di la lunghezza dell'atterraggio. A questo effetto sono anche da attribuirsi una notevole diminuzione dell'efficacia delle equilibratori né le manovre a cabrare, e quindi la pratica impossibilità per l'aereo a raggiungere le massime incidenza, e quindi le minime velocità di sostentamento, aggiungendovi pure in questo caso incrementi anche cospicui della lunghezza d'atterraggio.

5. *Moto di due anelli vorticosi.*

Particolarmente bello e importante per le osservazioni che da esso possono trarsi è un fenomeno naturale che ci accingiamo a descrivere. Due anelli vorticosi di uguale intensità e circolazione opposta, usando il metodo delle

---

[2] **Die flugelsehne.**

immagini, ci accorgiamo che il campo di flusso per un singolo anello vicino ad un muro è lo stesso che creano due anelli di circolazione opposta. Il moto traslazionale di ogni elemento dello stesso anello è causato dalla velocità indotta da ogni elemento dello stesso anello più la velocità indotta da ogni elemento dell'altro anello. Se accade invece che i due anelli vorticosi abbiano eguale intensità ma senso di rotazione uguale essi vengono a traslare nella stessa direzione, ora quello che sta avanti in breve amplia il suo raggio frenando il suo moto traslazionale cosicché l'altro può passarvi attraverso; dopo che il passaggio è avvenuto accade che quello che ora è dietro inizia a ridursi ed incrementare la sua velocità traslazionale mentre all'altro accade l'esatto opposto. Se il fluido è ideale questo gioco può protrarsi all'infinito.

6. *Strato limite: introduzione ed ipotesi di base.*

Si passa al discorso sullo strato limite dove termine di inerzia e termine viscoso si bilanciano nella eq di Navier Stokes. Si vedrà come si può avere, con lo strato limite, una valutazione della D. Ma parliamo un po' più in esteso di questa importante teoria fluidodinamica.

Sono assai pochi i problemi per i quali le equazioni di Navier Stokes possono essere integrate; essenziali semplificazioni si hanno per valori del Reynolds o molto piccoli o molto grandi. Se ci limitiamo al caso del numero di Reynolds molto grande, per una corrente che lambisce un solido, fisso rispetto al sistema di riferimento, la velocità passa dal valore nullo, a contatto del solido, a un valore uguale, o paragonabile a quello che la corrente avrebbe se la viscosità fosse nulla, entro uno strato sottile quanto più è grande il Reynolds. In questo strato le coordinate spaziali non omonime delle componenti della velocità $\frac{\partial u_i}{\partial x_j}$ e quindi le velocità di deformazione , hanno valore elevato , e di conseguenza le tensioni viscose non possono essere trascurate rispetto alle forze d'inerzia. All'esterno di esso, invece, le velocità di deformazione sono relativamente piccole, e quindi se il coefficiente di viscosità è pure piccolo , le tensioni cui questa dà luogo sono trascurabili rispetto alle azioni dovute alla variazione di pressione e alle forze d'inerzia. Appare pertanto logico dividere il campo in tre parti:

\>\> l'una costituita dallo strato adiacente alla parete entro il quale il fluido deve essere considerato viscoso, e in cui si assiste ad una rapidissima variazione di velocità qui il moto è retto dalla equazione di Navier Stokes [3];

\>\>un'altra, esterna , in cui il fluido può essere considerato perfetto, e , in generale , la corrente irrotazionale e retta dalla equazione di Eulero.

\>\>l'ultima ,detta scia vorticosa, formata dai vortici che si distaccano dallo strato di confine , nella quale il moto si considera sottratto all'influsso della viscosità , ma è rotazionale.

Operando questa scissione posso ricondurmi dal problema del deflusso di un fluido viscoso a quello di un fluido perfetto a patto di sapere determinare l'andamento del deflusso nello strato e quindi al bordo di questi.

Ecco che allora Prandtl tiro fuori la soluzione dal suo cappello a cilindro, nel memorabile congresso di meccanica applicata di Heidelberg nel 1904 , in esso mostro anche quali erano le semplificazioni che si possono apportare alle equazioni di Navier Stokes

---

[3] Anche se opportunamente modificata come vedremo

tenendo conto dell'ordine di grandezza dello spessore della regione che è occupata dal fluido viscoso. Lo strato adiacente alla parete lo chiamò <u>strato limite</u>. Se lo spessore di questo strato è realmente piccolo, le condizioni a cui la corrente esterna deve soddisfare non differiscono sensibilmente da quelle al contorno del corpo in assenza di viscosità, e perciò essa può essere determinata coi metodi propri dell'aerodinamica dei fluidi perfetti. La teoria dello strato limite di Prandtl getta così un ponte tra la dinamica dei fluidi perfetti e quella dei fluidi viscosi, e mentre utilizza i risultati dei primi riuscendo a soddisfare alle effettive condizioni al contorno nel flusso del fluido reale, consente di ridurre lo schema teorico ad essere molto più aderente alla realtà[4] e a dare risultati non solo qualitativi ma anche quantitativi per problemi, quali quelli corrispondenti alla resistenza d'attrito, e alla trasmissione termica, che per il fluido perfetto nemmeno potevano essere posti. Ad esempio si può con questi nuovi strumenti affrontare il problema della separazione infatti a contatto della parete si ha che la derivata lungo la parete della pressione è all'incirca eguale alla derivata seconda della velocità del flusso lungo la parete in direzione ortogonale alla parete stessa per cui se la pressione diminuisce nel senso del moto il diagramma delle velocità nella sezione trasversale ha curvatura negativa in vicinanza dell'ostacolo, e poiché al confine esterno dello strato la derivata della velocità del flusso in direzione ortogonale a questo tende a zero questo segno della curvatura può conservarsi attraverso tutto lo strato ed il diagramma di queste velocità ha curvatura positiva a contatto colla parete e negativa al confine esterno, e pertanto deve cambiare di segno, e il diagramma

---

[4] nell'esperimento io osservo come sulla superficie del corpo si formino vortici in embrione (e lo si può anche calcolare mediante un opportuno circuito di calcolo per la circolazione che sia a ridosso della parete) che si evolvono poi formando la scia e esaurendosi poi progressivamente per la viscosità del fluido stesso. Adottando invece la idealità noi immaginiamo che i vortici formatesi alla parete e costituenti, poi, la scia si propagano indisturbati a valle senza loro depauperamento.

deve avere un punto di flesso intermedio. Crescendo la derivata longitudinale della pressione diminuisce la derivata trasversale della velocità lungo l'oggetto calcolata alla parete e può accadere che si annulli: se aumento ulteriormente la derivata della pressione lungo l'oggetto accade che la derivata della velocità assumerà valori negativi ,pertanto la corrente adiacente alla parete ha segno contrario a quello della corrente esterna, e la configurazione del campo di moto viene ad essere rappresentata dal solito diagramma dei profili di velocità spanciati. Appare da questo diagramma come il fluido che lambisce il contorno dell'ostacolo deve staccarsi dal contorno stesso in un punto del contorno caratterizzato dall'annullarsi della velocita in senso trasversale, e la vorticità , che prima era confinata nello strato limite a contatto colla parete , viene ad essere trasportata via da questo e trascinata all'interno del fluido: la regione , a valle di questo punto di distacco, occupata da questo fluido in modo rotazionale costituisce (come già detto) la SCIA , mentre si dice che il fluido presenta separazione. Numerosissime sono le ricerche svolte nella teoria dello strato limite di un fluido incompressibile, particolarmente nel caso dei moti piani: quelle più semplici , e che presenteremo, si riferiscono al flusso intorno a una piastra piana con gradiente di pressione nullo (problema di Blasius) e quella attorno ad una piastra piana con velocità all'esterno dello strato variabile colla legge $u=cx^m$ (problema di Faulkner e Skan). Come vedremo anche metodi di soluzione varia per affrontare questi problemi come ad esempio il metodo integrale di Karman che vedremo in cui l'equazione dello strato limite non è soddisfatta in ogni punto dello strato , ma in media, in quanto si sostituiscono alle funzioni incognite funzioni che le approssimano , nel senso che verificano al confine esterno e a quello interno dello strato le condizioni al contorno corrispondenti alla soluzione effettiva, e contengono un parametro arbitrario, funzione della sola coordinata x, che si determina imponendo alle funzioni assunte di soddisfare all'equazione che si ottiene integrando rispetto alla coordinata verticale l'equazione dello strato limite. Si deve osservare come accada per tutti i metodi approssimati di soluzione delle equazioni dello strato limite che se si verifica separazione del flusso, questo è singolare nel punto di separazione, e pertanto la convergenza di ogni metodo di soluzione, sia di sviluppo in serie, sia passo a passo sia per approssimazioni successive, in detto punto di separazione non esiste!!!

Il numero di Reynolds ha grande importanza:

> Per la transizione da laminare[i] a turbolento che si ha per $Re \sim 10^6$
>
> Se Re è alto (10^9) la viscosità si trascura tranne che nello strato limite (qui conviene sempre affusolare!) infatti la viscosità è nel denominatore del Re che se così alto dice che il flusso in considerazione è poco influenzato dalle forze viscose

Profonde differenze per il flusso intorno al corpo tozzo o a quello affusolato per l'importanza della geometria, se il corpo è affusolato si ha una graduale variazione delle pressioni cosa che non accade per il corpo tozzo, si crea un gradiente di pressione avverso e la separazione[ii] quasi subito, contrariamente al corpo affusolato dove questa è spinta più a valle (vedi figura). Col concetto di SL[iii] ora cercheremo di semplificare le equazioni di Navier Stokes NS per un flusso 2D stazionario per cui dobbiamo capire i vari ordini di grandezza dei termini per considerare solo quelli significativi[iv].

Coma linea conduttrice della semplificazione debbo ricordare che esistono 2 lunghezze significative ,quella del corpo e quella dello SL(spessore). Normalmente sono la corda e lo spessore dello SL. Vedremo come la eq di Prandtl ci consentiranno di chiudere a zero i profili di velocità presso la parete.

Nello SL vediamo che le variazioni che si riscontrano in alcune direzioni sono molto minori che in altre . Abbiamo visto che realmente importanti divengono lo spessore dello SL e la corda. Si deve notare che le componenti u e v della velocità non sono dello stesso ordine ,pur essendoci entrambe. Ricordiamo che nella teoria potenziale la componente v non c'era! Per lo strato limite si adottano le equazioni della conservazione della massa e le due componenti delle equazioni di Navier Stokes adimensionalizzate in modo da mettere in evidenza la grandezze e i termini importanti[v] ,si passa a adimensionalizzare ossia si dividono le grandezze cardine del fenomeno per grandezze equidimensionali in modo da ottenere numeri senza dimensioni. Per la equazione della conservazione della massa ,l'equazione rimane la stessa mentre per le componenti della equazione di Navier Stokes NS, la sola che interessa è quella in direzione parallela al corpo.

Quando un corpo di forma aerodinamica si muove attraverso aria o acqua calma a un elevato numero di Reynolds il flusso è uguale , con ottima approssimazione , a quello che si avrebbe in assenza di viscosità , eccezione fatta per un sottile strato limite adiacente al corpo , per una circolazione diversa da zero attorno al corpo, come nella teoria dell'ala di Joukowskij , e per ciò che avviene nella scia , dove possono esserci turbolenze e vortici. Supporremo che il flusso sia sufficientemente subsonico perché il fluido possa essere considerato incompressibile. Lo strato limite determina la resistenza superficiale di attrito e il fenomeno del distacco dello strato limite è responsabile dello stallo delle ali e della grande resistenza incontrata dai corpi non aerodinamici.

7. *Spessore dello strato limite.*

Ma quanto è spesso uno strato limite? Come varia il suo spessore? Se ne può dare una valutazione quantitativa?

Il flusso intorno ad un corpo a elevati Reynolds può pensarsi analogo a quello di un fluido senza viscosità eccetto che per la presenza di un sottile strato intorno al corpo che ha un comportamento particolare. Supponendo che il flusso sia incomprimibile. Lo strato limite determina la resistenza superficiale d'attrito e il fenomeno del distacco dello strato limite e responsabile dello stallo delle ali e della grande resistenza incontrata dai corpi non aerodinamici. Normalmente lo strato limite e laminare sulla parte frontale del corpo mentre può diventare turbolento piu a valle. Il primo problema che solitamente si affronta e quello dello strato limite intorno a una lastra piana. La teoria relativa suppone che la viscosità cinematica in questo caso sia molto piccola, che lo spessore dello strato limite tende ad annullarsi se questa viscosità cinematica venga fatta tendere a zero e infine che possa utilizzare anche solamente i termini di ordine più basso in termini della viscosità cinematica della equazione di Navier Stokes. Preso il flusso parallelo alla lamina e con velocita U e fermo dalla sua superficie. Supponendo che mandando la viscosità cinematica verso lo zero accada che la u, la sua derivata parziale rispetto x, la sua derivata seconda parziale rispetto x e la derivata parziale rispetto x della pressione siano limitate. A questo posso operare sulle equazioni di

Navier Stokes osservando gli ordini di grandezza dei vari termini delle due componenti che ci interessano. In questo modo ho ridotto considerevolmente le equazioni di Navier Stokes ottenendo un sistema molto piu maneggevole:

$$u\frac{\partial u}{\partial x} + v\frac{\partial u}{\partial y} + \frac{1}{\varrho}\frac{dp}{dx} - \nu\frac{\partial^2 u}{\partial y^2} = 0$$

$$\frac{\partial u}{\partial x} + \frac{\partial v}{\partial y} = 0$$

$$u = v = 0 \quad \text{per } y=0 \text{ ed } x>0$$

$$(u,v) \to (U,C) \text{ per } y \to \infty$$

Noi prendiamo in esame solo la regione con le y positive o tuttalpiù uguali a zero (visto che esiste una cosi spinta simmetria rispetto alla piastra). Siccome p è costante nel flusso esterno ho che vale la

$$\frac{dp}{dx} = 0$$

Al sistema è applicabile il principio della similitudine dinamica, infatti se la u(x,y) e la v(x,y) sono una soluzione del sistema si dimostra che anche la:

$$u'(x,y) = u(ax, a^{1/2} y) \quad v'(x,y) = a^{1/2} v(ax, a^{1/2} y)$$

e´ soluzione dello stesso sistema.

In particolare posso prendere

$$a = 1/x$$

Per cui ho la soluzione:

$$u(x,y) = u(1, y/\sqrt{x})$$

In cui u dipende solo da x ed y solo attraverso la presenza del rapporto $y/\sqrt{x}$

E non indiscriminatamente. Con questa similitudine trovo che il grafico della u nello Stato Limite viene ad essere lo stesso in ogni x della piastra a parte le scale e quindi lo spessore delta minuscolo dello strato limite cresce in modo proporzionale a $x^{1/2}$ lungo la lamina.

Se vado a fare un cambio oculato di variabili usando le :

$\eta = U y 2 v x$

$\psi = U v x f(\eta)$

Dove ψ e´ la corrente, usando questo cambiamento di variabili nel sistema visto in precedenza al riferimento (*) si ottiene il sistema:

$2f''' + ff'' = 0 \quad f = f' = 0 \text{ se } \eta = 0 \quad f' = 1 \text{ se } \eta = \infty$

Che Blasius risolse trovando la f.

Si ottiene un andamento della velocita del tipo

$u(x,y) U = f'(\eta)$

Ma allora è possibile esprimere lo spessore dello Strato Limite mediante la :

$y = \delta x = \eta 0 v x U$

dove $2 \leq \eta 0 \leq 5$

8. Resistenza di forma e di attrito per flusso laminare o turbolento.

Si è parlato poi del fenomeno della separazione ossia della rottura del parallelismo delle linee di corrente col profilo del corpo, colle gravi conseguenze che ciò comporta per la portanza. Ciò crea resistenza. Ma siamo più sistematici identificando le resistenze che si hanno ,per ora , nei nostri veicoli subsonici. Si evidenziano due forme di resistenza :

➢ resistenza di forma

Quando un corpo qualunque si muove nell'aria in quiete comunica una serie di spinte alle particelle in tutte le direzioni. Ossia esercita un'azione su queste ossia gli dà una accelerazione, per il 3° principio vi sarà une reazione ,pari in intensità, che è proprio la resistenza di forma. Si può vedere anche in un altro modo macroscopico, al passaggio un corpo genera una scia che provoca una diminuzione della sezione di deflusso di vena , allora, a valle del corpo, aumenta la velocità e diminuisce la pressione statica. Le sovrapressioni anteriori e le depressioni posteriori generano la resistenza di forma.

➢ Resistenza Viscosa

Abbiamo visto come le superfici del corpo siano quelle dove si generano tensioni[5],qui si

Trova appiglio per ancorare gli strati l'un all'altro e ostacolare il libero scivolamento di

Uno sull'altro, quindi resistenza al deflusso questa volta originata dalla viscosità.

---

[5] Queste superfici sono infatti frontiera tra due mezzi diversi.

Sommando le due resistenze[vi] si ottiene la resistenza di profilo.

Come abbiamo già notato e come ripetiamo qui sotto la resistenza dipende fortemente dalla forma del corpo. Corpi fusiformi presentano resistenze molto inferiori .

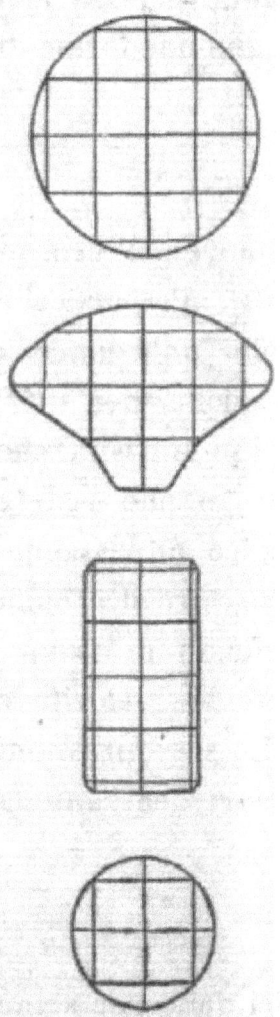

In tutti gli aerei si cerca di ridurre al minimo la resistenza per aumentare l'efficienza è quindi per far si che a parità di potenza disponibile si economizzi in energie . Allarghiamo un po il numero di resistenze. Finora ne abbiamo viste due che operano nel subsonico. Ma sono le sole? Sappiamo che la resistenza aerodinamica è costituita da tre componenti diverse anche se le

prime due sono in una certa misura correlate tra loro, infatti si aggiunge ora una nuova resistenza che scaturisce dal fatto evidente che un qualunque oggetto mosso in un fluido genera vortici:

La resistenza di forma, o di pressione, è la parte della resistenza dovuta direttamente alla distribuzione di pressione sul corpo. Viene chiamata in tal modo poiché dipende fortemente dalla forma geometrica del corpo. La resistenza di forma dipende dal valore della pressione e dall'orientamento dell'elemento di superficie del corpo sul quale agisce la pressione. Ossia questa è la resistenza che si genera per l'impatto diretto delle molecole del fluido sul corpo, ossia tutti gli scontri che le molecole hanno colla superficie del corpo danno origine alla pressione agente su di questo e quindi a questo genere di resistenza. Più il corpo dà superficie di impatto[6] al flusso di fluido che arriva piu resistenza di forma avrà[7]. Ad esempio si può avere una valore molto alto della pressione sui due lati di una lastra piana parallela alla corrente (ossia una lastra che non offre area di impatto alle particelle che arrivano) senza produrre alcun contributo alla resistenza poiché in questo caso la forza dovuta alla pressione è ortogonale alla direzione della corrente. All'opposto la forza dovuta alla pressione su una lastra piana disposta normalmente alla corrente produce tutta resistenza di forma. Una volta nota la distribuzione di pressione lungo il contorno del corso., la resistenza di forma può essere ricavata dall'integrazione:

---

[6] Ricordiamo a tal proposito che salto in avanti rappresento la immissione in servizio dei sommergibili di attacco del tipo "Skipjack" che arrivava a 50 nodi in immersione in cui qualunque sporgenza venne eliminata al di fuori della torretta che venne foggiata alla forma della pinna dorsale di uno squalo. scomparve anche il piano di coperta così che si cominciò a camminare , quando il sommergibile era ancorato in porto, sul dorso arrotondato dello scafo resistente. E' ad ua sola elica e i timoni orizzontali sono sistemati a poppa e sulla torretta.
[7] Ecco perche i nuovi progetti di sommergibili necleari rientreranno tutte le appendici compresi timoni e falsatorre, il che gli consentirà di raggiungere i 50 nodi di velocità in immersione.[13-D vol 5° pg 63]

$$D_{dipressione} = \int p \cdot \cos\theta \cdot dA$$

La posso formulare anche in termini di coefficienti di resistenza di forma.

$$C_{resistenzadipressione} = \frac{D_{dipressione}}{\frac{1}{2}\rho \cdot U^2 A} = \frac{\int C_{dipressione} \cdot \cos\vartheta \cdot dA}{A}$$

Nel flusso ad alti Reynolds le forze di inerzia sono molto maggiori di quelle viscose, quindi anche il coefficiente di resistenza di questi casi è abbastanza indipendente dal Reynolds. Viceversa ,nel flusso a bassi valori del numero di Reynolds, sia la differenza di pressione che le tensioni di taglio alla parete sono proporzionali alla tensione Viscosa caratteristica. Allora il coefficiente di resistenza sarà proporzionale al reciproco del Reynolds. Nel caso di fluido ideale ,ossia viscosità nulla , la resistenza di forma per moto stazionario intorno ad un corpo di forma qualsiasi sarebbe nulla. In tal caso la forza dovuta alla pressione agente sulla parte anteriore del corpo sarebbe bilanciata da una forza uguale ed opposta prodotta dalla pressione agente sulla parte posteriore. E' il paradosso di D'Alembert. In presenza di viscosità diversa da zero, la possibilità della separazione dello strato limite implicherebbe un valore non nullo della resistenza di forma.

La resistenza d'attrito[8], o Viscosa è la parte della resistenza dovuta direttamente alle tensioni di taglio sulla parete di un corpo e dipende direttamente ,sia dai valori di queste ultime , sia dall'orientamento della superficie su cui agiscono queste tensioni. Per capire bene cosa è questa resistenza ricordiamo l'esperimento di Costanzi, che pose in luce proprio questo tipo di resistenza che non dipendeva dalla

---

[8] La resistenza d'attrito è sempre presente perché tutti fluidi hanno una certa viscosità. E, invece, la resistenza di pressione dipende moltissimo dalla forma del corpo: in confronto alla resistenza d'attrito può essere grandissima o del tutto trascurabile. L'intensità della resistenza di pressione dipende dalla differenza fra la pressione media che agisce sulla metà anteriore del corpo e la pressione media che agisce sulla metà posteriore come abbiamo visto.

pressione ,ma in cosa consisteva questo esperimento: prese due ogive e ne mise le basi a contatto , misurò la resistenza del corpo aerodinamico cosi determinato, poi mise tra le due ogive tronchi di cilindro di stesse dimensioni e con area di base uguale alle ogive andando a misurare la resistenza del nuovo corpo cosi composto, poi aggiunse un nuovo tronco di cilindro e cosi via , in questo modo andò ad appurare la variazione che si aveva nella resistenza in conseguenza dell'aggiunta dei nuovi tratti[9]. Siccome questi nuovi tratti cilindrici non potevano aggiungere che resistenza d'attrito (egli aveva in precedenza verificato col metodo manometrico che non variava in modo apprezzabile la distribuzione delle pressioni e quindi la resistenza di forma quando si intercalavano questi nuovi tronchi cilindrici) è facile stabilire l'aggiunta che essi portano alla resistenza totale, aggiunte dovute solo alla resistenza d'attrito ossia agli sforzi tangenziali. Infatti se la superficie del corpo è parallela alla direzione del moto, allora la tensione di taglio contribuisce direttamente alla resistenza, come si verifica nel flusso intorno a una lastra piana ad angolo di incidenza nullo. Nel caso in cui invece la superficie è disposta perpendicolarmente alla direzione della corrente, le tensioni di taglio non danno alcun contributo alla resistenza. In generale il contorno di un corpo è composto da alcuni tratti paralleli alla direzione della corrente, da alcuni tratti normali ad essa e da altri che formano un certo angolo con essa. Poiché la viscosità dei fluidi più comune assume valori piccoli, il contributo delle tensione di taglio alla resistenza totale su un corpo è spesso molto piccolo. Tuttavia, nel caso di corpo affusolati, oppure per flussi a bassi Reynolds,

---

[9] Nota bene che questo esperimento ci fa da ponte concettuale anche per i casi in cui dobbiamo appurare la resistenza che si esercita sui treni a cui vado ad aggiungere nuovi vagoni, l'aggiunta di nuovi vagoni è come aggiungere nuovi tronchi di cilindro nella disposizione sperimentale del Costanzi.

la maggior parte della resistenza è dovuta all'attrito. Ad esempio una configurazione estremamente semplice: La <u>resistenza d'attrito su una lastra piana</u> di larghezza b il di lunghezza l orientata parallelamente alla corrente può essere espressa come:

$$D_{d'attrito} = \frac{1}{2}\rho \cdot U^2 \cdot b \cdot l \cdot C_{d'attrito}$$

In cui figura il coefficiente di resistenza d'attrito che dipende in particolare dal numero di Reynolds e dalla scabrezza[10] percentuale della superficie del corpo. Nei casi più generali si deve studiare il flusso non intorno ad un piano, bensì intorno ad un corpo descritto da una determinata geometria lungo la quale si ha una variazione di pressione. Come già discusso in precedenza, il moto nello strato limite, e quindi la distribuzione del gradiente di velocità alla parete, sarà differente dal caso della lastra piana. In ogni caso la conoscenza della distribuzione della tensione tau alla parete permette di calcolare il contributo viscoso alla resistenza. Quindi è prioritario garantirsela.

La resistenza d'attrito è dipendente soprattutto dalla rifinitura delle superfici , ma anche dalla estensione, in area, delle superfici bagnate dal fluido[11] . Ricordiamo che questa ultima influenza anche le condizioni del flusso nello strato limite laminare con turbolentazione dello stesso, quindi, per i noti fenomeni di distacco, può anche influire sensibilmente sulla resistenza di forma come vedremo con più compiutezza quando si tratterà dello scatenamento del flusso turbolento.

---

[10] Si dimostro già col NACA report 495 del 1934 come si riuscisse a diminuire il coefficiente di attrito di un'ala e cosi incrementare la sua velocità e ancora di piu a diminuire il consumo se si incrementava il grado di finitura della sua superfice!

[11] Per ridurre il più possibile la resistenza di attrito è quindi necessario ridurre la superficie bagnata il piu possibile e ciò si fa impaccando il più possibile l'aereo ossia addensando strumenti, payload ,serbatoi interni etc, ciò porta a fusoliere ciccione che pero se vanno in campo supersonico creano enormi resistenze d'onda! Anche nell'aerodinamica di un treno si hanno problemi riguardanti questo tipo di resistenza vista la lunghezza e l'estensione superficiale dei convogli.

Infine vi è il nuovo acquisto, ossia la <u>resistenza indotta</u> che dipende essenzialmente dalla portanza sviluppata e dall'allungamento, oltre che, in misura meno sensibile, dalla forma in pianta dell'ala[12] (o del piano di coda, negli assetti in cui si sviluppa portanza o deportanza) e delle sue estremità. Sono i vortici determinati dalla portanza alare che la determinano. La resistenza indotta è i fenomeni ad esse accordati sono strettamente connessi coll'allungamento come vedremo.

Dipendenza dei coefficienti di resistenza dalla forma del corpo e dal numero di Reynolds

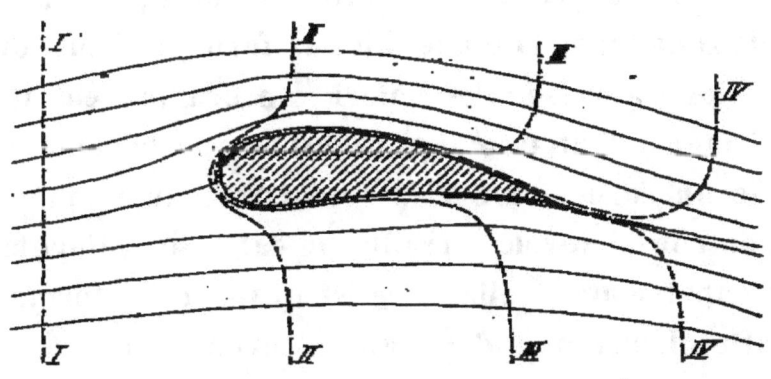

La forma di un corpo qualsiasi può variare da tozza ad affusolata in base al rapporto di forma. Chiamo <u>rapporto di forma</u> il rapporto tra la lunghezza del corpo nella direzione della corrente e lo spessore del corpo. In generale il coefficiente di resistenza diminuisce al crescere del rapporto di forma, cioè man mano che il corpo diventa più affusolato (slender body). Per valori molto grandi del rapporto di forma il corpo si comporta in modo simile ad una lastra piana disposta parallelamente

---

[12] O di altre appendici per altri corpi o velivoli. Ad esempio in una formula 1 dagli alettoni.

alla corrente. In tal caso la resistenza viscosa è maggiore di quella d'attrito e il coefficiente di resistenza basato sull'area frontale aumenta al crescere del rapporto di forma. Per corpi molto sottili, come ad esempio un profilo alare, di solito viene usata l'area della pianta nel definire il coefficiente di resistenza poiché infatti le tensioni viscose agiscono[13] su tale area piuttosto che sull'area frontale. Un dato corpo può comportarsi come un corpo tozzo o come un corpo affusolato a seconda del proprio orientamento. L'esempio classico è portato avanti per un profilo alare inclinato di un piccolo angolo rispetto alla corrente indisturbata, lo strato limite rimane attaccato al corpo. La resistenza, principalmente dovuta allo attrito, si mantiene bassa. Aumentando l'angolo di attacco si raggiunge un valore critico per il quale si verifica la separazione dello strato limite sulla superficie superiore del profilo in corrispondenza della zona lungo la quale si ha un forte gradiente di pressione avverso. Per valori ancora più elevati dell'angolo di attacco il profilo si comporta come se fosse un corpo tozzo e la resistenza aumenta in modo considerevole e risulta ,in tal caso , dovuta principalmente alla resistenza di forma. L'affusolamento di un corpo influenza notevolmente la resistenza. La resistenza di un corpo può dipendere anche dalla sua estensione nella direzione normale al moto del corpo. Bidimensionale o tridimensionale. L'effetto di una lunghezza trasversale finita è quello di agevolare il moto del corpo o nel fluido riducendo l'influenza della scia e di conseguenza la resistenza. Un altra grandezza che può influenzare notevolmente la resistenza è il numero di Reynolds. Nel caso di bassi

---

[13] La resistenza d'attrito fra solido e solido dipende dalla pressioni normale di contatto: mentre spingiamo un libro facendo strisciare lungo il piano di un tavolo la resistenza di attrito aumenta se e ci appoggiamo più pesantemente su di esso . In un fluido invece la resistenza Viscosa e quasi del tutto indipendente dalla pressioni: dipende quasi esclusivamente dalla velocità con cui le particelle fluide cambiano forma. Ad esempio in una conduttura la resistenza di attrito al flusso d'acqua e pressappoco uguale sia che l'acqua prema contro le pareti della conduttura con una pressione di 100 chilogrammi al centimetro quadrato sia che vi prema colla pressioni di cento grammi al centimetro quadrato, purché la velocità della corrente sia la stessa.

valori del numero di Reynolds , ossia Reynolds decimali, le forze viscose bilanciano quelle dovute alla pressione, mentre quelle di inerzia sono trascurabili. In tal caso la resistenza dipende dalla velocità a monte, dalla dimensione longitudinale del corpo e dalla viscosità , in base a questa si trova che il coefficiente di resistenza è pari a due volte una costante il cui valore dipende dalla forma di un corpo diviso per il Reynolds. Nel caso di flussi a bassi Reynolds l'uso della pressione dinamica per definire il coefficiente di resistenza può produrre confusione poiché introduce fra i parametri la densità del fluido che invece, in questo caso, non influenza il moto. In ogni modo la definizione dei coefficienti di resistenza introduce sempre la dipendenza di questi dall'inverso del Reynolds nel caso di bassi valori del numero di Reynolds nel flusso. Al crescere del Reynolds il flusso tende a far sviluppare una struttura del tipo strato limite. In tal caso il coefficiente di resistenza per il moto intorno ai corpi affusolati diminuisce leggermente al crescere del Reynolds. Ad esempio nel flusso laminare intorno a una lastra piana si ha che il coefficiente di resistenza è proporzionale all'inverso della radice del Reynolds.

9. Equazioni dello strato limite in forma adimensionale.

Abbiamo introdotto lo strato limite e quantificato il suo spessore. Ora ci possiamo chiedere se le equazioni che abbiamo, a suo tempo, identificate per il moto dei fluidi siano da applicarsi nella complessa forma originaria , o se piuttosto sia possibile una loro semplificazione per questa zona così limitata dello spazio. Sulle equazioni dello strato limite va' condotta un'analisi molto accurata al fine di ridurle a forma più semplice da trattare. Questa operazione passa attraverso la adimensionalizzazione di tutti i termini di queste equazioni e poi attraverso la identificazione dei termini di queste ultime che vengano effettivamente a rivestire un ruolo importante nelle nostre considerazioni e quelli che possano essere trascurati senza averne nocumento.

10. Equazione di Prandtl dello strato limite.

Le azioni viscose sono quelle importanti nello SL .Vediamo che mentre per la zona esterna allo SL posso usare le semplici eq di Eulero[vii] ciò non è più possibile per la zona dello SL, qui servono le eq di Navier Stokes anche se opportunamente trattate in modo da semplificarle un poco, cui unisco la eq di conservazione della massa per un fluido incomprimibile. Per caratterizzare le eq di Navier Stokes NS identifico due grandezze caratteristiche dello SL , la corda del corpo e lo spessore dello SL. Invece per le velocità si assumono la velocità del fluido indisturbato orizzontale, e in direzione verticale una velocità scalata[viii]. Con queste grandezze di riferimento posso ottenere le grandezze adimensionali. Poi posso scrivere le eq. di Navier Stokes N.S. in forma adimensionale identificandone i termini importanti per lo SL. In particolare la seconda componente dice che non c'è variazione di pressione lungo lo spessore dello SL. Si ottiene così un <u>sistema di eq. più' semplici per lo SL detto sistema di Prandtl per lo strato limite[ix]</u>. %.
In maniera analoga allo spessore di scostamento si è soliti definire anche i uno spessore di quantità di moto:

$$\theta = \frac{\int_0^\infty u(U_\infty - u)dy}{U_\infty^2}$$

%. In maniera analoga allo spessore di scostamento si è soliti definire anche uno spessore di quantità di moto:

$$\theta = \frac{\int_0^\infty u(U_\infty - u)dy}{U_\infty^2}$$

$$u\frac{\partial u}{\partial x} + v\frac{\partial u}{\partial y} + \rho\frac{dp}{dx} - v\frac{\partial^2 u}{\partial y^2} = 0$$

$$\frac{\partial u}{\partial x} + \frac{\partial v}{\partial y} = 0$$

$$\frac{\partial p}{\partial x} = 0$$

cui sono da aggiungere le condizioni al contorno che ci dicono come le due componenti della velocità siano nulle sulla parete, mentre la componente u sia pari alla U esterna quando mi allontano in verticale dal corpo e mi dirigo verso l confine dello strato limite e poi per tutto il flusso esterno.

Il sistema che abbiamo ottenuto è un sistema PDE, ma parabolico. Una soluzione basata su una PDE parabolica è una soluzione che viene detta "marciante", per cui la soluzione viene costruita via via con tutto quanto viene da monte, con una soluzione di questo tipo non si riceve informazione da valle, al contrario di quanto accadeva colla equazione di Navier Stokes originaria che è tale da essere influenzata da ogni parte essendo la sua parte spaziale di tipo ellittico ossia analoga all'equazione di Laplace. Quindi se applico questo tipo di soluzione marciante, ossia parabolica, su una piastra mi ritrovo ad avere in ogni ascissa lo stesso profilo di velocità perché è l'informazione da valle che modifica il profilo e qui non la riceviamo. Si deve notare come il sistema di Prandtl non sia applicabile nei punti di ristagno o a valle di un punto di separazione[14] in quanto in questi casi non possono essere applicate le ipotesi semplificatrici:

$$\delta^* \leq L$$
$$\frac{\partial}{\partial x} << \frac{\partial}{\partial y}$$
$$\frac{\partial^2}{\partial x^2} << \frac{\partial^2}{\partial y^2}$$

che significano che le variazioni significative avvengono in direzione ortogonale alla superficie del corpo. Il sistema ottenuto per lo strato limite è ancora complesso visto che contiene una equazione non lineare, quindi o si risolve numericamente oppure lo si impiega per risolvere esattamente dei casi molto semplici. Come si fa? Per la soluzione del sistema di Prandtl dello strato limite, preso lo spessore dello strato limite (variabile localmente), si integra su esso la PDE di 2° grado ottenendo in questo modo la equazione di Karman, questa, nel caso della lastra piana, si riduce alla nota equazione differenziale alle derivate totali di Blasius:

f'''+ff''=0

che vedremo.

11. Andamento della pressione nello strato limite.

Per quanto riguarda l'andamento della pressione nello strato limite possiamo osservare come la seconda componente della equazione di Navier

Stokes trattata colle semplificazioni valide per lo strato limite permette di ottenere che la pressione ha andamento costante in direzione ortogonale al corpo. La pressione varierà solo lungo la parete. Come valore assumerò quello che viene assunto da questa grandezza sul confine dello strato limite per tutto una stesso profilo ad una ascissa.

12. Somiglianze e differenze delle equazioni dello strato limite rispetto alle eq. di Navier-Stokes.

Le equazioni di Prandtl sono ancora delle equazioni alle derivate parziali del secondo ordine m come le originarie equazioni di Navier Stokes ma sono ora più semplici (perché hanno una incognita in meno) ed hanno un comportamento matematico diverso. Il sistema che abbiamo ottenuto è un sistema PDE, ma parabolico. Una soluzione basata su una PDE parabolica è una soluzione che viene detta "marciante", per cui la soluzione viene costruita via via con tutto quanto viene da monte, con una soluzione di questo tipo non si riceve informazione da valle e quindi la soluzione è esclusivamente influenzata da quanto gli arriva da monte, al contrario di quanto accadeva colla equazione di Navier Stokes originaria che è tale da essere influenzata da ogni parte essendo la sua parte spaziale di tipo ellittico ossia analoga all'equazione di Laplace. Quindi se applico questo tipo di soluzione marciante, ossia parabolica, su una piastra mi ritrovo ad avere in ogni ascissa lo stesso profilo di velocità perché è l'informazione da valle che modifica il profilo e qui non la riceviamo. Si deve notare come il sistema di Prandtl non sia applicabile nei punti di ristagno o a valle di un punto di separazione

13. Condizioni al contorno per le eq. dello strato limite.

Ripetiamo anche per queste quanto detto. Per quanto riguarda l'andamento della pressione nello strato limite possiamo osservare come la seconda componente della equazione di Navier Stokes trattata colle semplificazioni valide per lo strato limite permette di ottenere che la pressione ha andamento costante in direzione ortogonale al corpo. La pressione varierà solo lungo la parete. Come valore assumerò quello che viene assunto da questa grandezza sul confine dello strato limite per tutto una stesso profilo ad una ascissa.

cui sono da aggiungere le condizioni al contorno che ci dicono come le due componenti della velocità siano nulle sulla parete , mentre la componente u sia pari alla U esterna quando mi allontano in verticale dal corpo e mi dirigo verso l confine dello strato limite e poi per tutto il flusso esterno. La cosa importante da notare è la seguente , nelle equazioni di Prandtl nonostante siano necessarie ancora entrambe le condizioni al contorno del corpo per risolvere , ma ora nota che sia la soluzione in un punto a monte posso ricavare quello che accade a valle via via, ossia passo passo vado dall'imbocco all'uscita.

14. Aumento di spessore dello strato limite.

Vediamo ora come si possibile risolvere le equazioni dello strato limite in un caso particolarmente semplice quale quello di una lastra piana molto sottile immersa in una corrente fluida stazionaria ed uniforme, diretta parallelamente alla lastra stessa. Il campo potenziale esterno è in questo caso molto semplici e s... cioè, se non ci fosse l'effetto viscoso, il flusso non risentirebbe in alcun modo della presenza della lastra. Il realtà invece si genera lungo entrambe le superfici della lastra uno strato limite il cui spessore, nullo in corrispondenza al bordo d'attacco, cresce al crescere di x. Man mano che ci spostiamo verso valle una quantità sempre maggiore di fluido viene rallentata dalle forze viscose e entra cioè a far parte dello strato limite, mentre anche il flusso esterno subisce una distorsione, adeguandosi all'aumentato spessore della lastra.

15. Soluzioni simili. Strato limite intorno a lastra piana: equazione di Blasius.

Vediamo ora come si possibile risolvere le equazioni dello strato limite in un caso particolarmente semplice quale quello di una lastra piana molto sottile immersa in una corrente fluida stazionaria ed uniforme, diretta parallelamente alla lastra stessa. Il campo potenziale esterno è in questo caso molto semplici e s... cioè, se non ci fosse l'effetto viscoso, il flusso non risentirebbe in alcun modo della presenza della lastra. In realtà invece si genera lungo entrambe le superfici della lastra uno strato limite il cui spessore, nullo in corrispondenza al bordo d'attacco, cresce al crescere di x. Man mano che ci spostiamo verso valle una quantità sempre maggiore di fluido viene rallentata dalle forze viscose e entra cioè a far parte dello strato limite, mentre anche il flusso esterno subisce una distorsione, adeguandosi all'aumentato spessore della lastra. Ma cosa accade alle equazioni dello strato limite nel caso semplice di lastra? Si vede che il termine di variazione della pressione in direzione x viene a perdere di importanza per cui si ha che il sistema di Prandtl viene ridotto al seguente:

$$u\frac{\partial u}{\partial x}+v\frac{\partial u}{\partial y}-\nu\frac{\partial^2 u}{\partial y^2}=0$$

$$\frac{\partial u}{\partial x}+\frac{\partial v}{\partial y}=0$$

$$\frac{\partial p}{\partial x}=0$$

Poiché nel fenomeno che stiamo considerando non esiste una lunghezza preferenziale, cioè il fenomeno si svolge allo stesso mondo a diverse distanze lungo la lastra, è ragionevole supporre che i profili di velocità a diverse distanze dal bordo d'attacco siano simili l'uno all'altro. Ciò significa che i profili di velocità a diverse ascissa possono essere resi identici attraverso una opportuna trasformazione di variabili. viene presentata la <u>trasformazione di Blasius</u> che permette di accorpare il sistema di eq differenziali di Prandtl dello strato limite ad una sola eq e per giunta differenziale ordinaria del terzo ordine e di ricondurre tutti i profili di velocità ad uno solo. Ciò si fa mediante la variabile adimensionale u/Uinf=g(y/delta)=g(eta).

Si ottiene
$$\begin{cases}\dfrac{\delta}{x}=\dfrac{5}{\sqrt{\text{Re}_x}}\\ \dfrac{\delta^*}{x}=\dfrac{1.72}{\sqrt{\text{Re}_x}}\\ C_D=\dfrac{1.328}{\sqrt{\text{Re}_{ttot}}}\end{cases}$$
controlla il valore del Cd!!!sugli appunti il valore presentato è 1.838 a numeratore

Le soluzioni simili permettono, valutato un profilo di velocità, di allargarlo a tutto il campo. Importanti in questo processo sono i fattori di scala g ed h . Si passa dalle variabili x ed y alla sola eta . Posso poi esprimere la funzione di corrente psi in funzione dei fattori di scala .

$$\psi = Ug\int_0^\eta h(s)ds + c$$

a questo pto osservo come il flusso stazionario incomprimibile attorno ad una lastra piana venga espresso mediante la sola eq di Blasius f f''+2 f'''=0 , questa è una ODE essendo funzione della sola eta. La questa equazione vanno associate tre condizioni al contorno In questa ho che f è l'integrale presente nella espressione del □ visto sopra . Questa eq non è però risolubile in forma chiusa ma solo per serie . Una serie che opportunamente troncata può essere usata in un metodo numerico. Per ottenerla debbo modificare le componenti delle eq. di Prandtl colle variabili simili e quindi imponendo gg'=costante opportuna si ottiene la eq. di Blasius. Si ricava la g per questa eq. nonché le cc da associarvi. In base a ciò riesco a dare una stima del delta $\delta = \frac{5x}{\sqrt{Re}} = 5\sqrt{\frac{vx}{U}}$ e quindi della tensione che si esercita sulla parete, se integrata, quest'ultima dà la tanto aspettata espressione valutata della resistenza aerodinamica D. Come si vede ho ottenuto una valutazione più esatta dello spessore dello strato limite. basato sulla definizione di spessore dello strato limite come la distanza alla quale la componente orizzontale della velocità ha raggiunto il 99% della velocità in disturbata. Si deve notare come la definizione di spessore dello strato limite vista abbiamo utilizzato adesso è però molto arbitraria e quindi questo spessore non ha un preciso significato fisico. Per ottenere una misura fisicamente più significativa dello spessore dello strato limite introduciamo lo <u>spessore di scostamento</u>. Questo è definito come la distanza di cui viene spostato il campo potenziale esterno a causa della riduzione di velocità nello strato limite. La diminuzione del flusso volumetrico dovuta alla presenza dello strato limite è data dal

$$\int_0^\infty (U_\infty - u)dy$$

quindi fu lo spessore di scostamento è definito come

$$\int_0^h u\,dy = U_\infty (h - \delta_{s\cos tam})$$

Nel caso della lastra piana si ha che lo spessore di scostamento che vale:

$$\delta_{s\cos tamento} = 1.72 \left(\frac{\nu x}{U_\infty}\right)^{1/2}$$

Lo spessore di scostamento è quindi nel caso della lastra piana circa un terzo dello spessore per il quale la velocità differisce da quella del campo potenziale a meno del l'uno%. In maniera analoga allo spessore di scostamento si è soliti definire anche i uno spessore di quantità di moto:

$$\theta = \frac{\int_0^\infty u(U_\infty - u)dy}{U_\infty^2}$$

16. *Tensione di parete e resistenza per flusso intorno a lastra piana.*

A questo punto è possibile calcolare quali siano le tensioni alla parete e da queste calcolare la resistenza per semplice integrazione condotta sulla superficie della lastra. Che riceve queste azioni. In questo modo ho tutti gli ingredienti per calcolare la resistenza sulla lastra piana; si ha infatti che la tensione alla parete è:

$$\tau_w(x) = 0.332 \left(\frac{U_\infty^3 \rho \mu}{x} \right)^{1/2}$$

quindi ricavo la resistenza per la lastra di larghezza unitaria e di lunghezza pari a L dovuta alla attrito sulle due facce della lamina è data:

$$D = 2 \cdot \int_0^L \tau_w dx = 1.328 \cdot \sqrt{U_\infty^3 \mu \rho L}$$

Da questa posso ottenere il coefficiente di resistenza d'attrito che pari a:

$$c_D = \frac{D}{\frac{1}{2}\rho S U_\infty^2} = \frac{1.328}{\sqrt{\text{Re}_x}}$$

Dove posso osservare che il Reynolds è basato sulla lunghezza della lastra. Osservo che la resistenza di una lastra cresce con la radice della lunghezza anziché proporzionalmente alla lunghezza della lastra stessa. Ciò è dovuto al fatto che le zone più lontani dal bordo di attacco contribuiscono proporzionalmente i di meno alla resistenza, in quanto è minore il gradiente della velocità a parete. Quindi in questo modo ho ottenuto una valutazione della resistenza che lo strato limite dà. Attraverso la trasformazione simile, definita, abbiamo quindi ridotto il problema della soluzione di un sistema di due equazioni differenziali alle derivate parziali al problema dell'integrazione di una sola equazione alle derivati ordinarie, problema che può agevolmente essere risolto mediante integrazione numerica al passo. Se andiamo a graficare l'andamento della velocità orizzontale "u" in funzione della distanza dalla parete osservo che in prossimità della parete l'andamento della velocità orizzontale è approssimativamente lineare per poi piegarsi bruscamente tendendo al valore della velocità della corrente esterna. Per quanto riguarda invece la componente verticale della velocità "v" è

opportuno rilevare che il suo valore al confine dello strato limite non è nullo, ma positivo, cioè il la velocità verticale v è diretta verso l'esterno. Ciò corrisponde al fatto che il flusso esterno, a causa dello spessore crescente dello strato limite, deve allontanarsi dalla parete ma mano che scorre lungo di essa.

17. Equazione di Falkner-Skan.

In questa lezione si arriva a far vedere la generalizzazione[x] eq. di Blasius valida per velocità della corrente esprimibile come potenza dell'ascissa e che chiamo <u>eq. Faulkner- Skan</u> colle stesse cc eq. di Blasius. Per arrivare ad un'altra eq. che ci consentirà una approssimazione delle principali grandezze dello SL, abbiamo introdotto in B9 la grandezza **SPESSORE DELLO SPOSTAMENTO** che dà una misura anche del rallentamento delle linee di corrente oltre che della loro deflessione e si fa' col bilancio delle portate. Lo **SPESSORE DI SPOSTAMENTO** indica la quantità di cui si dovrebbe spostare la parete per avere, con un fluido ideale, la stessa portata che si ha nello strato limite, col fluido viscoso.

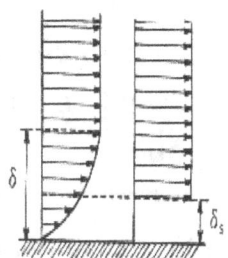

Fig. 62 (da 1) - Spessore di spostamento

Lo spessore di spostamento indica la quantità di cui si dovrebbe spostare la parete per avere, con un fluido ideale, la stessa portata che si ha nello strato limite, col fluido viscoso.

Euristicamente posso dire che La dimensione di portata dovuta allo SL (ossia la portata che sfugge dalla parete orizzontale) deve essere bilanciata da quella per l'aumento di spessore del profilo. Si ottiene il delta a che deve essere aggiunto al corpo ottenendo così un nuovo corpo più grosso che può essere trattato colla teoria potenziale ,visto che il fluido che lo bagna può essere ora considerato ideale. In pratica ho simulato l'opera della viscosità in un fluido che scorre lungo una piastra mediante un impedimento materiale che la corrente di un fluido ideale si troverebbe ad affrontare!

18.Spessore di spostamento.

Quindi ripetendo e caratterizzando quanto detto per la grandezza <u>SPESSORE DELLO SPOSTAMENTO</u> che definisco come: "la quantità di cui sono deflesse le linee di corrente in prossimità di un corpo in conseguenza della viscosità", esso dà una misura anche del rallentamento delle linee di corrente oltre che della loro deflessione e si fa' col bilancio delle portate. Lo SPESSORE DI SPOSTAMENTO indica la quantità di cui si

dovrebbe spostare la parete per avere, con un fluido ideale, la stessa portata che si ha nello strato limite, col fluido viscoso ed infatti è proprio con un bilancio di portate che se ne ottiene la espressione (vedi calcolo). Perché ci serve questa nuova grandezza? L'ampiezza dello strato limite può essere caratterizzato in percentuale di velocità esterna, ma questo modo di caratterizzarlo è un modo soggettivo, ossia dipende dalla percentuale di velocità che adotto io sperimentatore per dire che lo strato limite inizia. Conviene usare invece una grandezza oggettiva, ad esempio una che si ottenga con un semplice calcolo come lo spessore di spostamento:

$$\delta^* = \int_0^\infty \left(1 - \frac{u}{U}\right) dy$$

Per ottenere una misura fisicamente più significativa dello spessore dello strato limite introduciamo lo <u>spessore di scostamento</u>. Questo è definito come la distanza di cui viene spostato il campo potenziale esterno a causa della riduzione di velocità nello strato limite. La diminuzione del flusso volumetrico dovuta alla presenza dello strato limite è data dal

$$\int_0^\infty (U_\infty - u) dy$$

quindi fu lo spessore di scostamento è definito come

$$\int_0^h u\, dy = U_\infty \left(h - \delta_{s\cos tam}\right)$$

Nel caso della lastra piana si ha che lo spessore di scostamento che vale:

$$\delta_{s\cos tamento} = 1.72 \left(\frac{vx}{U_\infty}\right)^{1/2}$$

Lo spessore di scostamento è quindi nel caso della lastra piana circa un terzo dello spessore per il quale la velocità differisce da quella del campo potenziale a meno del l'uno%.

19. *Spessore della quantità di moto.*

%. In maniera analoga allo spessore di scostamento si è soliti definire anche i uno spessore di quantità di moto:

$$\theta = \frac{\int_0^\infty u(U_\infty - u)dy}{U_\infty^2}$$

questo spessore tiene conto del decurtamento della quantità di moto dovuta alla viscosità. Lo si ottiene bilanciando le perdite del flusso della quantità di moto. Coll'uso di queste due quantità si riesce a ottenere una valutazione approssimata di quanto avviene nello strato limite come vedremo tra poco coll'equazione di Von Karman.

20. *Coefficiente di resistenza per moto laminare e m. turbolento.*

Il coefficiente di resistenza assume un valore diverso a seconda del tipo di moto con cui si ha a che fare.

21. *Resistenza d'attrito e resistenza di forma per moto laminare e turbolento; differenze tra corpo tozzo e corpo affusolato.*

Ben diverse sono le cose riguardo la esistenza per corpi tozzi o meno, e lo vediamo quando andiamo a considerare l'instaurarsi del passaggio dal moto laminare al turbolento. Il flusso intorno a corpi tozzi a valori sufficientemente alti del numero di

Reynolds è caratterizzato da un valore relativamente costante del coefficiente di resistenza. Molto spesso si ha una brusca variazione dei coefficienti di resistenza quando il moto nello strato limite diventa turbolento. Il valore del numero di Reynolds in corrispondenza al quale si verifica una transizione dipende dalla forma del corpo. Nel moto intorno a corpi affusolati il coefficiente di resistenza aumenta quando il moto dello strato limite diventa turbolento poiché per questi corpi la resistenza è principalmente dovuta alle tensioni di taglio le quali sono maggiori nel moto turbolento che in quello laminare. All'opposto il coefficiente di resistenza per un corpo un po' tozzo, come un cilindro o una sfera, si riduce quando lo strato limite diventa turbolento.

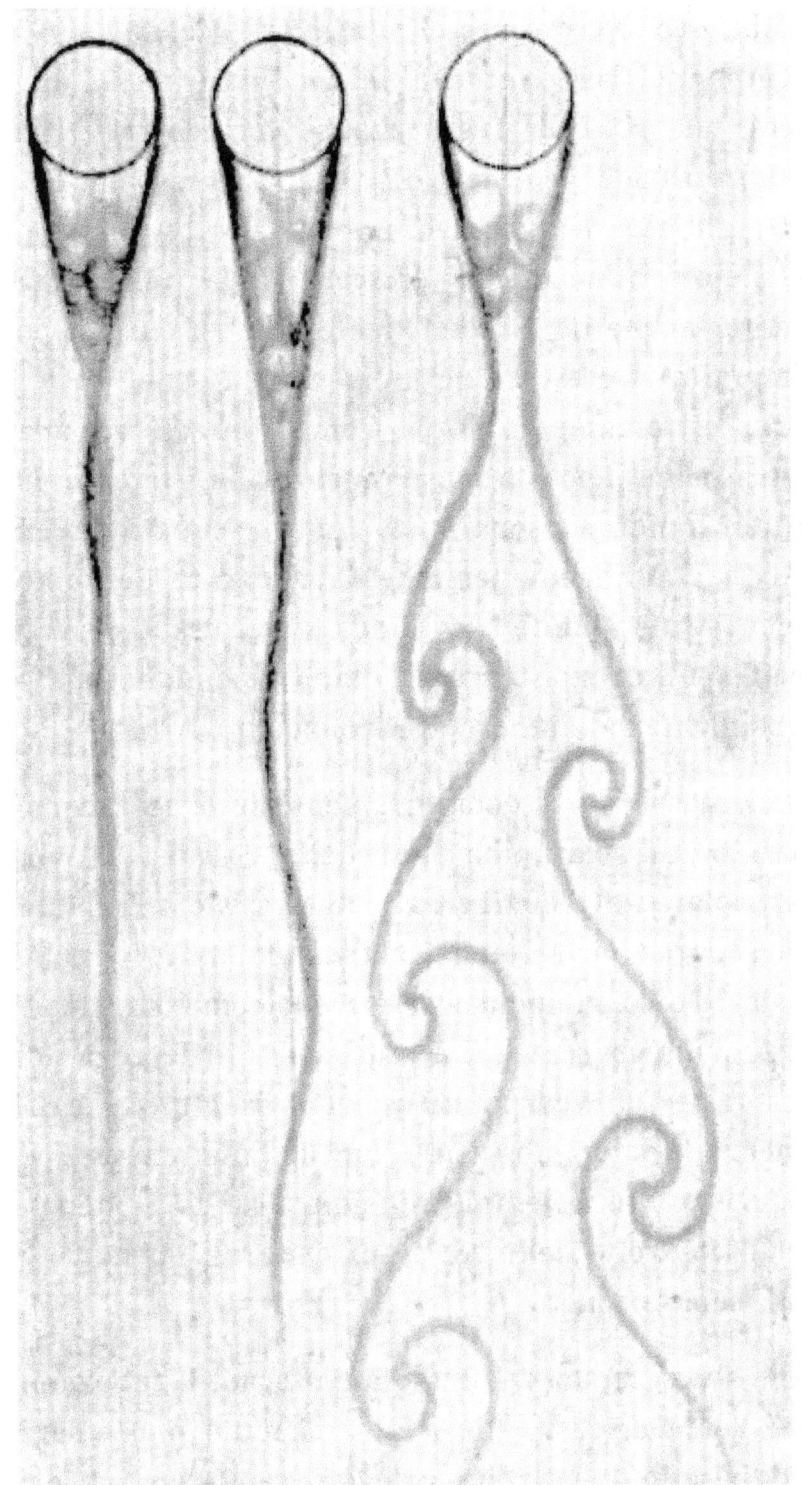

Infatti in condizioni di moto turbolento le particelle che si muovono nello strato limite riescono a spostarsi maggiormente verso valle vincendo il gradiente di pressione avverso, quindi, la separazione viene ritardata producendo di conseguenza una scia di una ampiezza minore ed un valore più basso della resistenza di forma, si può quindi verificare la situazione in cui la resistenza diminuisce al crescere del numero di Reynolds. Ad esempio nel flusso intorno ad un cilindro o ad una sfera tale crisi di resistenza si verifica a valori compresi fra le centinaia di migliaia e i milioni. Per tutti gli altri valori del numero di Reynolds la resistenza aumenta al crescere della velocità a monte, anche se il coefficiente di resistenza può diminuire al crescere del numero di Reynolds. Per corpi estremamente tozzi, come può essere una lastra piana disposta normalmente alla corrente, lo strato limite si separa dai bordi superiore ed inferiore indipendentemente dalla natura del moto nello strato limite. Quindi, in questi casi, i coefficienti di resistenza risultano dipendono molto debolmente dal numero di Reynolds.

Abbiamo rivisto il comportamento intorno a corpi tozzi o affusolati alla luce della resistenza . In particolare i problemi creati dalla resistenza dovuta alla separazione e a una eventuale bolla di ricircolo. L'ala a diversa incidenza è vista come un corpo tozzo dalla corrente. Si è visto poi la differenza del flusso per un corpo affusolato rispetto al caso potenziale da quello reale . Nonché l'andamento del C_D nel caso turbolento. Infine un accenno ai metodi per il controllo dello SL e per evitare l'instaurarsi della separazione.

Allo stesso modo nel flusso all'interno di tubazioni ,che verrà discusso più avanti, il moto può essere suddiviso in due distinte categorie, moto laminare e moto turbolento, le quali sono separate da un regime di transizione. Nel caso di moto laminare , il coefficiente di resistenza, e quindi la resistenza, non dipende dalla scabrezza della parete, la quale invece influenza notevolmente il valore del coefficiente di resistenza d'attrito quando il moto è turbolento. In quest'ultimo caso la resistenza dipende da quanto le asperità della parete penetrano all'interno dello strato limite.

22. Eq. integrale di Von Karman.

Abbiamo già analizzato il problema dello strato limite intorno ad una lastra pana sia attraverso le eq complete dello strato limite di Prandtl sia attraverso le equazioni di Blasius ,nel caso di lastra piana, abbiamo introdotto il concetto di soluzioni simili[15] che ci hanno consentito di arrivare a calcolare la soluzione di questo problema attraverso una eq differenziale ordinaria che è la eq di Blasius. Ma nonostante questa considerevole semplificazione la eq di Blasius rimane pur sempre una eq non lineare per cui si può cercare di ottenere un metodo di soluzione ancora più semplice di questo. Quella che vedremo in questa lezione è una approssimazione della soluzione dello Strato Limite (ossia riesco a capire approssimativamente tutto quanto avviene nel sottile straterello intorno al corpo) senza l'uso delle elaborate eq di Blasius o tantomeno le ancor più complesse equazioni di Prandtl, ciò si ottiene rinunciando a ottenere una soluzione in ogni punto del campo e optando all'ottenimento solo di alcune delle grandezze caratteristiche di questo problema come ad esempio la resistenza (d'attrito) cui il corpo è soggetto nel suo movimento. Quindi rivolgeremo il nostro studio alle forze viscose che si scatenano nell'interfaccia tra fluido e lastra infatti il fluido scorrendo sulla lastra darà origine a tensioni viscose la cui somma darà origine alla resistenza stessa. Questo nuovo metodo viene chiamato eq integrale di Von Karman , questa si ottiene prendendo in esame un

---

[15] In realtà con questo concetto non si studia solo il flusso su una lastra piana ma anche quello intorno ad un diedro fino ad arrivare al flusso di ristagno quando il diedro si apre fino a 180°, in questi casi però non varranno più le eq di Blasius ma si deve ricorrere alle eq di Faulkner Skan di cui le eq di Blasius sono un caso semplificato.

particolare volume di controllo opportunamente strutturato (vedi appunti di seguito) .Per ottenere la eq di Von Karman faremo il bilancio della quantità di moto a questo volume di controllo. mediante l'introduzione di due opportune quantità che hanno un vasto retroterra di intuizione fisica . Per risolvere lo SL, infatti, ci sarebbe bisogno di risolvere analiticamente la eq. di N.S. o le sottostanti eq. di Prandtl. E' possibile però arrivare ad ottenere il valore approssimato di alcune grandezze caratteristiche dello SL ,ossia lo spessore di scostamento delta asteriscato e lo spessore della quantità di moto theta, nonché di valutazioni della tensione alla parete tau zero e quindi delle forze D e -D usando la eq. integrale di Von Karman che partendo dall'integrazione eq. di Prandtl normale e della eq. della conservazione della massa ,utilizza un profilo di velocità inventato lì per lì da noi . La cui forma si rivela poi ben poco influente sui valori delle grandezze ottenute che si avvicinano di molto a quelle reali. Se il profilo utilizzato simula bene quello reale i risultati, saranno più vicini a quelli reali, ma anche un profilo piuttosto rozzo consente di ottenere buoni risultati. La <u>eq. di Von Karman</u> si è applicata alla lastra colla semplificazione dovuta allo sparire del 2° termine a 1° membro per l'uniformità di U.

23. Soluzione dell'equazione integrale di Von Karman per flusso intorno lastra piana.

Von Karman sviluppo una soluzione del flusso intorno ad una lastra piana che transige dalle soluzioni puntuali per ottenere invece informazioni da delle quantità che vengono create ad hoc per dare uno sguardo d'insieme a quanto accade nel campo generalmente. Cosicché uno si fa un'idea di quanto stia succedendo senza avere informazioni dettagliate ma più generali ma non meno utili e sovente più che sufficienti.

24. Separazione dello strato limite. Spoilers.

Sappiamo già come la grandezza della portanza che si genera su un corpo dipenda dalla forma stessa dell'oggetto. Per quanto riguarda i profili alari la portanza varia linearmente coll'angolo di attacco per un range di valori di questo ultimo che variano tra –10 e 10 gradi. A più alte inclinazioni la dipendenza è di tipo più complesso. Come un oggetto si muove nell'aria le molecole di questa si attaccano alla sua superficie , creano cosi lo strato limite che in effetti, cambia la forma all'oggetto, il flusso gira sull'oggetto nel modo che gli impone questa superficie fisica riformata. Questo strato limite può, in determinate condizioni , staccarsi dalla superficie del velivolo creando una superficie fisica molto diversa per il flusso che vi impatta. Ciò accade per molti motivi ma la più classica delle motivazioni è la inclinazione proibitiva raggiunta dai profili alari. Questa condizione viene chiamata STALLO. Predire il punto dove si verificherà lo stallo è molto difficile matematicamente. Si usa normalmente una procedura sia sperimentale, in galleria del vento, sia mettendo in campo i vari parametri. E' importante notare come . ci sono importanti dispositivi che la sfruttano come gli Spoilers servono proprio a indurre separazione su un'ala per far crollare la portanza . quando un pilota attiva gli spoilers questi si innalzano nella corrente fluida. Il flusso sull'ala ne viene disturbato, aumenta enormemente la resistenza dell'ala, e corrispondentemente la portanza decresce. Gli spoilers possono essere usati per ridurre la portanza e fare discendere l'aeroplano; oppure possono essere usati per gettare a terra un aeroplano nell'atterraggio. Infatti quando un aeroplano atterra su una pista, il pilota mette in azione gli spoilers per ammazzare la portanza, in questo modo l'aereo prende terra e i freni sono piu efficienti.[16] La forza di attrito tra i pneumatici e la pista dipende dalla forza normale, che è proprio il peso meno la portanza. Piu è piccola la portanza piu i freni funzionano bene. Gli spoilers hanno anche sovente la funzione di organi di controllo, infatti in aeroplani civili a media e lunga tratta si può osservare come osservando le ali durante una virata ci accorgiamo che il pilota può rollare l'aereo usando lo spoiler di una delle semiali. E' sorprendente come una piccolissima rotazione di uno spoiler sia sufficiente a far ruotare un grande velivolo.

25. Effetto del gradiente di pressione avverso, del moto laminare o turbolento.

Il gradiente di pressione avverso è il principale protagonista della separazione sulle superfici bagnate da un flusso aerodinamico. È questo infatti che appiattendo prima il profilo di velocità e poi portandolo in un punto alla tangenza ferma puntualmente il flusso scatenando la separazione.

26. Dispositivi per il controllo della separazione.

Per il controllo dello SL e quindi della separazione (che ricordiamo accade quando si creano dei gradienti

---

[16] Infatti ricordo da meccanica applicata che l'efficienza di un freno è direttamente proporzionale al peso da scaricare a terra su cui puo contare. Maggiore è questo maggiori sono le forze di attrito coinvolte migliore sarà il frenaggio.

opposti di pressione non gestibili dallo strato limite) si usano <u>**Flaps**</u> [xi]e <u>**Slats e gli Slots**</u>[xii]

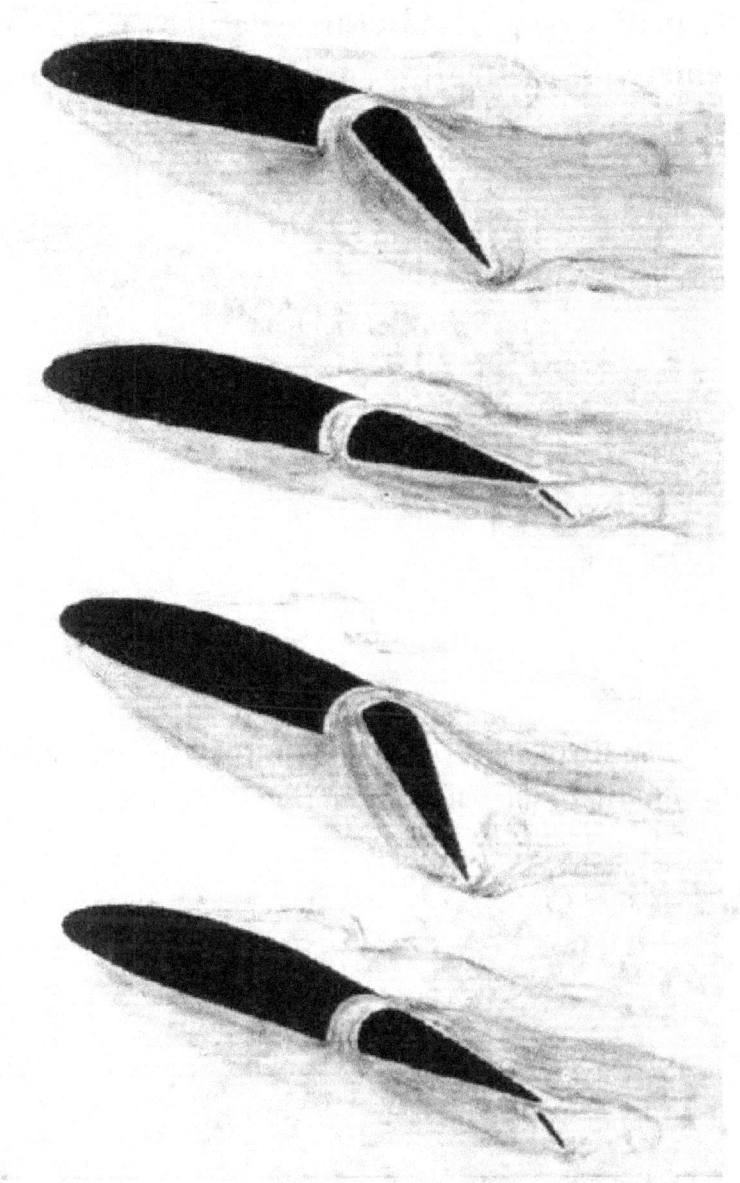

che energizzano gli strati bassi dello SL permettendo un profilo più panciuto e minore tendenza alla separazione. Per i flaps ricordiamo infatti che più il profilo è arcuato piu è portante , ebbene coi flaps ci muoviamo proprio nel senso di rendere più portante il profilo aumentandone , quando serve , la curvatura. Ciò è possibile farlo solo a velocità ridotte visto che un impiego di questi dispositivi a velocità elevate porterebbe, per la resistenza aerodinamica ad avere importanti sollecitazioni applicate sulle cerniere con facili effetti da prevedere.

sono situati nella parte interna delle ali e servono ad aumentare il coefficiente di portanza alle basse velocità [xiii].

Altri importanti dispositivi che si muovono nel senso dell'aumento della portanza sono Gli Slots .

Vi sono metodi basati sul raffreddamento dello SL che se troppo caldo, per causa della agitazione termica, tende a staccarsi. Si usano anche profili laminari in cui la sezione in cui si raggiunge la maggiore velocità è spostata verso valle in modo da dare meno spazio del profilo a gradienti avversi di pressione, ma questi profili sono critici, una minima loro imperfezione li rende attaccabili dalla separazione. Vi sono poi metodi basati sulla aspirazione dello sl o sul soffiamento dello stesso. Si deve ricordare come Von Karman sviluppo i famosi raccordi tra ala e fusoliera che si muovono proprio sulle orme di questi dispositivi per impedire o limitare la separazione , infatti questi raccordi accelerano il deflusso di aria che pressioni e resistenze aerodinam8iche rallentano, dando origine a distacchi di vena , cospicui vortici, vistosi peggioramenti delle doti aerodinamiche del velivolo. Ed il raccordo Karman , oltre che semplice, è anche notevolmente efficace, ed è una caratteristica comune ormai di quasi tutti i monoplani ad ala bassa.

Vedremo 2 modelli principali su cui valuteremo le forze: l'ala finita e l'ala infinita. Prima di iniziare questo lavoro si dà una scorsa alla nomenclatura e alla classificazione dei profili. Si dà poi informazione sul variare dei coefficienti C_L C_M C_D con l'angolo di incidenza alfa.

Quando andremo poi a considerare il sonico e il supersonico dovremo considerare anche i problemi della interazione dell'urto collo strato limite che ingenererà separazione .

27. Metodo di Pohlhausen per le soluzione dell'eq. di Von Karman.

Questo metodo prevede di assumere per le velocità delle espressioni del tipo:

$$V_x = \sum_{i=1}^{n} \alpha_i(x) y^i$$

che vengono introdotte nella equazione di Karman fornendo le condizioni per determinare i coefficienti incogniti $\alpha_i(x)$

28. Caratteristiche geometriche dei profili alari.

Molto importanti nello studio dei profili alari sono alcune caratteristiche geometriche che li contraddistinguono e servono a classificarli ed individuare le loro caratteristiche anche fisiche . le principali sono:

la corda

lo spessore

29. Andamento dei coefficienti aerodinamici in funzione di Re e dell'incidenza.

Se grafichiamo la portanza in funzione dell'inclinazione del

corpo ci rendiamo conto di una crescita di essa con i fino ad un certo pto[xiv] dopo il quale, l'insorgenza della separazione, fa' abbassare il C_L. a parte questo che è e rimane il principale andamento per un velivolo vi sono anche quelli riguardanti altri coefficienti da cui possiamo ricavare una serie importante di altre informazioni.

30. Incidenza di portanza nulla ed incidenza di stallo.

Dall'osservazione della curva presentata nel precedente paragrafo si possono trarre importanti nuovi indicatori. La curva, se guardo verso sinistra. , scende linearmente secando poi l'asse delle ascisse in un angolo che viene detto ANGOLO DI INCIDENZA DI PORTANZA NULLA.

Questi è l'angolo formato dalla direzione di portanza nulla (che è la direzione del vento relativo lungo la quale il profilo non è soggetto alla forza di portanza[17]) colla direzione della corda del profilo. Si parla poi della dipendenza delle forze agenti sul velivolo da pressioni, viscosità, tensioni, dimensioni del corpo, velocità del flusso, e del suono. Molte dipendenze ,troppe , che possono essere considerate solo usando l'analisi dimensionale che permette di semplificare scevrando l'indispensabile dal superfluo, ed è proprio questo che abbiamo imparato a fare.

L'incidenza a cui si osserva una repentina , massiccia diminuzione della portanza viene chiamata INCIDENZA DI STALLO.

31. Velocità di stallo.

---

[17] questa direzione solo per i profili biconvessi simmetrici coincide colla corda

La velocità di stallo è quella minima di sostentazione, al di sotto il velivolo precipita, per la perdita veloce della portanza sulle ali visto l'avvento della separazione.

32. $C_{L\,max}$.

Il coefficiente di portanza max è il massimo ottenibile per un dato profilo o un dato velivolo. Si è sempre cercato di renderlo ma massimo nel tempo in quanto con ciò si consentiva una piu ampia maneggevolezza con piu grandi proprietà anche in decollo ed atterraggio. Naturalmente ai primi tempi ciò comportava grandi resistenze e una brutta aerodinamica visto che questi alti C_L venivano ottenuti sostanzialmente con grandi curvature del profilo alare, ma nel corso degli anni ci si accorse che era possibile ottenere questi incrementi di portanza anche con dispositivi che entravano in funzione solo quando servivano senza peraltro sporcare il profilo alare o comunque l'aerodinamica del velivolo quando non erano richiesti. Ciò porto a tutta una serie di appendici più o meno strane la cui funzione era più o meno riconoscibile, ne parleremo diffusamente dal §160 in poi, calandole col loro effetto nelle correnti fluidodinamiche che si svolgono lungo il velivolo.

33. *Polare della resistenza ed efficienza aerodinamica.*

Particolarmente interessante ai nostri fini è l'andamento della resistenza e della portanza nonché il rapporto tra loro che dà un'idea qualitativa sulla bontà di un dato velivolo.

34. *Effetto delle appendici aerodinamiche.*

Ci possiamo chiedere ora quali siano i ruoli delle appendici aerodinamiche come slat, flaps etc...

35. Strato vorticoso.

La nozione di strato vorticoso è quella che utilizzeremo nelle nostre teorie di qua a poco. Lo strato vorticoso è un orpello matematico costituito da vortici infinitesimi messi l'uno accanto all'altro . permette di generare una discontinuità nel campo della velocità e con esso riesco ad avvolgere convenientemente un oggetto facendogli assumere le caratteristiche che la geometria e il ruolo di questi genera nella corrente fluida nella realtà. Questo pannicolo matematico ci permette cosi di scatenare la potentissima analisi infinitesimale , e tutti gli strumenti in essa custoditi o comunque ad essa connessi colla matematica infinitesimale applicata. Vedremo che questo ci permette di arrivare a individuare quantitativamente le variazione delle grandezze che ci coinvolgono intorno al nostro aereo permettendoci di capirne la fisica e riuscire cosi a correggere sempre meglio le cose in maniera tale da avere la migliore soluzione costruttiva compatibilmente con quanto noi vogliamo ottenere e con quanto ci viene come limiti dell'ambiente , della struttura , dei materiali impiegati etc etc. il primo passo che faremo in questo senso e quello di adottare il nostro foglio o strato vorticoso che dir si voglia per simulare il comportamento della parte piu importante di un velivolo, ossia l'ala.

36. Teoria di Glauert per flusso potenziale intorno profili sottili: equazione fondamentale.

Se immagino di sostituire a un profilo di un'ala infinita un foglio vorticoso posto sulla sua linea media ottengo la teoria SKELETON (o di

Birnbaum-Ackerman-Glauert). Se il profilo è sottile la linea media è molto prossima alla corda per cui posso pensare che il foglio vorticoso sia schierato addirittura sulla corda stessa senza che questa approssimazione produca molto danno.

TEORIE PER L'ALA

A questo pto, visto il paradosso di D'Alembert la teoria con fluido ideale sull'ala sembrerebbe inutile in quanto non consente di determinare né la portanza né la resistenza [xv], ma vediamo che con tre teorie: due per l'ala infinita e l'altra per quella finita, quella delle funzioni di variabile complessa di Joukowski e quella di Glauert per l'ala infinita, quella di Prandtl per l'ala finita. Riesco a valutarle ottenendo in premio di poter sfruttare la facilità della teoria del fluido ideale per valutazioni approssimate ma buone di queste due forze agenti sul profilo. Insomma il nostro scopo e di intraprendere lo studio del sistema portante di un aeroplano ossia l'ala. E' chiaro infatti che i risultati ottenuti mediante il cilindro rotante non sono di pratica applicazione, e possono solo servire a chiarire il fenomeno della portanza. Possiamo intanto dire che l'ala è un oggetto che, per la sua conformazione, riesce a produrre una dissimmetria del flusso d'aria sulle superfici superiore e inferiore, generando quindi una differenza di pressione che dà la forza portante. Le teorie impiegate per la soluzione dell'ala infinita sono basate essenzialmente sugli studi di Joukowski e di Glauert. Il primo utilizza le funzioni di variabile complessa che, definendo un potenziale complesso, trasforma il campo aerodinamico, già noto, attorno a un cilindro costante, in quello generato da un profilo alare. Il secondo schematizzare il profilo alare per un insieme di vortici, paralleli fra di loro e ortogonali alla corrente esterna, tali da dare una corrente risultante che lambisce la superficie alla pari, q come avevamo visto per le sorgenti. Invece sulla teoria di Prandtl si occupa dello studio della ala finita, come accadeva nella che teoria di Prandtl non di Glauert anche ora immagineremo di sostituire il corpo alare con aria a concentrazioni vorticoso. Avremo così tanti foglietti vorticosi elementari aventi una direzione approssimativamente coincidente con l'apertura alare dalle vortici più elementari subisce una forza, data dalle teorie di Kutta Joukowskij. Però ora la circolazione è in generale, diversa nelle varie sezioni dell'ala. Lo schema vorticoso dell'ala finita, infatti, non può essere uguale a quello dell'ala infinita, pur essendo nei due casi prodotto sempre dai fenomeni di attrito fluidodinamico sulla superficie alare. Nel caso presenti un vortici, prodotto lungo l'apertura (vortici aderente) e diretto con buona approssimazione lungo di essa, non può continuare oltre l'apertura alla pari nella stessa direzione, poiché subisce una forza non sorretta dalla creazione di una parete sonica. D'altra parte il teorema di Kelvin dice che un vortice infinitamente lungo: al termine della ala esso si ripiega e dunque afferrarla ricavando in una direzione tali da subire forza nulla: abbiamo così un vortice a staffa, costituito da un vortici aderente ed da due suoi prolungamento detti vortici liberi diretti come la velocità di volo. In realtà uno schema più realistico come vedremo consiste in un fascio di vortici aderenti che si staccano con continuità formando una scia vorticosa e realizzando una circolazione che dipende dalla posizione lungo l'apertura alare. Il motivo fisico di tale comportamento del fluido consiste nel fatto che sotto l'ala si ha un massimo di sovrapressione in mezzeria cosicché l'aria viene spinta verso la estremità dell'ala mentre al di sopra, per motivi opposti, essa e spinta verso mezzeria. I filetti fluidi nei ricongiungersi a valle dell'ala si trovano con velocità trasversale diversa, generando quindi una rotazione attorno alla direzione media del moto.

TEORIA DI GLAUERT La teoria vorticosa di Glauert sostituisce al profilo dell'ala infinita un foglio vorticoso posto sulla camber line[xvi], con questo modello semplice già si riescono ad ottenere parecchie informazioni che poi saranno integrabili da quanto ottenuto in un modello piu evoluto che terra conto anche dello spessore del profilo come vedremo.

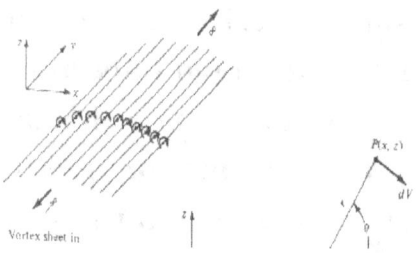

Le -hp che si debbono soddisfare sono:

1. Il moto sia relativo a velocità basse ossia in incompressibilità

2. I profili siano a piccolo spessore

3. La camber line sia una linea di corrente

4. L'angolo di attacco sia limitato perché altrimenti si scatena la separazione.

Inoltre la condizione di Kutta sia soddisfatta ossia ho gamma=0 sul bordo di uscita. In realtà , per semplificare la geometria ci si riferirà, nell'ipotesi di piccoli spessori ,alla corda del profilo imponendo le cc ,invece, sulla camber line. A questo punto sfrutto per questa teoria la teoria potenziale e in particolare la sua soluzione classica di vortice, che

ricordo essere una delle soluzioni classiche delle equazione di Laplace. Con questa riesco ad ottenere la portanza sull'oggetto che mi interessa, infatti solo una circolazione diversa da zero intorno al corpo scatena una portanza anche essa diverso da 0. Per usare la soluzione potenziale debbo in qualche modo eliminare lo strato limite e ciò lo posso fare con una discontinuità in senso matematico posta sulla superficie del corpo questa discontinuità è il vortice stesso spalmato sul corpo. Questo orpello matematico lo chiamo foglio vorticoso. Il foglio vorticoso genera una circolazione per ogni unità della sua lunghezza. Questo foglio vorticoso non è altro che una distribuzione organizzata di vorticità che viene associata con dei vortici in successione e che sarà una soluzione della equazione di Laplace.

Abbiamo detto che il foglio vorticoso è costituito da una infinità di piccoli vortici di intensità infinitesima affiancati l'un l'altro. Il foglio vorticoso è il supporto da noi inventato che genera la discontinuità di velocità di cui avevo bisogno per eliminare lo strato limite e lo si vede col modello di un circuito rettangolare posto a cavallo del vortex sheet. Se vado a valutare su questo circuito il contributo alla circolazione ho che per il lato del rettangolo, nel senso dello spessore, mandato a zero la relazione che mi dice come il contributo alla circolazione sia dovuto alla Variazione di velocità orizzontale che si ha tra le due basi del rettangolo. Eliminando poi gli spessori infinitesimi ottengo che la densità locale di circuitazione gamma equivale al salto locale nella velocità tangenziale. La velocità che un elemento di foglio vorticoso induce la si può ottenere facilmente dalle relazioni viste per il vortice e si ottiene che è uguale alla Variazione di circuitazione fratto la lunghezza della circonferenza di raggio r formula che può essere messa anche in una forma vettoriale e che integrata dà proprio la velocità che volevo visto che la sola componente di velocità presente in questo caso è quello tangenziale. Qui funziona la hp base tratta come composizione delle precedenti secondo la quale la velocità indotta in un punto dovuta al vortice in un altro punto dell foglio vorticoso può essere approssimata dalla velocità indotta nello stesso punto da un vortice immaginato posto sulla proiezione del punto che sto considerando sull'asse delle ascisse. Mi servo poi della legge di Biot Savart per arrivare a conoscere la velocità che ogni singolo vortice viene ad indurre , mi basterà poi comporre tutti i vari influssi . Nello stesso modo riesco ad ottenere anche la circuitazione e quindi mediante il teorema di Kutta Joukowskij la portanza. La densità di circolazione dovrà essere tale da far sì che il contorno del corpo sia una linea di corrente. Ossia si dovrà continuare a soddisfare la condizione di impermeabilità. Allo stesso trucco eravamo ricorsi col bilancio del cilindro, ottenendo di poter applicare la teoria potenziale. Posso a questo punto valutare approssimativamente la differenza di pressione fra dorso del ventre del profilo la si trova uguale al prodotto fra densità velocità della corrente all'infinito e densità di circolazione.

$$\Delta p = \rho U_\infty \gamma$$

Posso notare che oltre alla condizione che la camber line sia una linea di corrente si deve imporre la posizione dei punti di separazione. Ossia la condizione di Kutta diceva che la densità di circolazione era nulla al bordo di uscita.

Un profilo influisce sulla velocità di crociera , sulle distanze di decollo e atterraggio, sulla velocità di stallo[18], sulla manovrabilità specie vicino lo stallo, e sull'efficienza in tutto l'inviluppo di volo del velivolo. Ecco allora che c'è l'esigenza di avere strumenti che ci consentano il calcolo delle sue proprietà partendo dalla conoscenza della sua forma. Per fare questo, si è usato un modello lineare, che quindi godeva della separazione degli effetti, considerando poi un profilo sym dotato della distribuzione degli spessori del profilo reale e di uno fatto solo dalla camber line del profilo reale. In questo modo col primo sondo le proprietà del profilo reale rispetto alla resistenza di profilo, col secondo vedo l'influenza esistente tra portanza e resistenza dovuta alla portanza. Il primo lo conosceremo colla teoria bidimensionale che andiamo a sviluppare e che è quella di Glauert, mentre il secondo è dovuto agli effetti tridimensionali e lo andremo a vedere mediante la teoria dell'ala finita o di Prandtl che vedremo più in la. Sappiamo che il teor di Bernoulli ci dice come un profilo generi portanza mediante il cambiamento di velocità che riesce a produrre tra l'aria che passa sul suo dorso e quella passante sul suo ventre. A seconda dei casi o insieme questo cambiamento viene ottenuto o colla curvatura del profilo(un profilo curvo lo genera anche se è ad angolo di attacco nullo) o colla inclinazione dello stesso rispetto alla corrente d'aria che arriva (una piastra può generarlo solo così invece). Tutto ciò genera la circolazione! Più circolazione c'è più portanza viene prodotta dal profilo. Per un profilo curvo vi è un angolo negativo di attacco a cui la portanza prodotta diviene nulla e questo angolo è

---

[18] A questo proposito ricordo come la forma del profilo sia fondamentale per assicurare la necessaria portanza a basse velocità a questo proposito ricordo quanto scritto nella tecnical note n 54 NACA 1921. "la forma del profilo determina il massimo coefficiente di portanza della superficie portante. La caduta in stallo è piu o meno rapida a seconda del tipo di profilo considerato. Ricordo inoltre che il comportamento dell'ala deve essere unito a quello della fusoliera. Cosicché una stessa ala conne ssa a fusoliere di foggia diversa darà origine a diversi tipi di curve di stallo. A questo si aggiunge la disposizione dei profili nell'aeroplano ossia la posizione relativa dell'ala nell'aeroplano e l'allungamento alare come vedremo piu in la. Anche avere una disposizione a una o piu ali è importanti infatti il monoplano ha il max coeff di portanza, il biplano ha il 96% del monoplano ed infine il triplano solo il 92%. Ricordo che poi per l'effetto suolo il monoplano sembra avere, vicino all'atterraggio, un coeff di portanza incrementato rispetto al teorico.

all'incirca uguale al valore in percentuale della curvatura del profilo.

La teoria di Glauert che ci accingiamo ad esporre piu dettagliatamente pensa al profilo come alla generatrice di un cilindro di lunghezza infinita dove la corrente, in ogni sezione trasversale si comporta allo stesso modo. Ossia il flusso e il suo comportamento intorno al corpo viene ridotto alla risoluzione del flusso <u>*Teoria di Glauert o del filetto vorticoso per profili sottili (skeleton)*</u>[xvii].*Calcolo della portanza e del momento. Colle hp di velocità non molto alta, spessori piccoli e piccole curvature,[xviii] si poteva arrivare a soddisfare la condizione che la linea di inarcamento medio fosse una linea di corrente bidimensionale intorno al profilo - generatrice.*

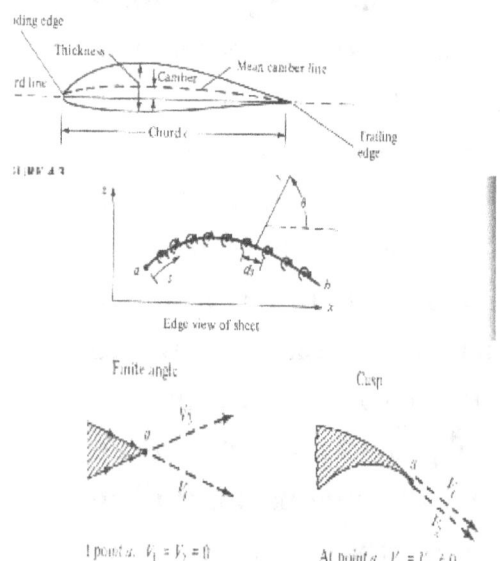

e che sia rispettata la condizione di Kutta □(bordo d'uscita)=0. Ricordo che la condizione di Kutta è relativa all'osservazione che un profilo di data forma e dato angolo di attacco è trattato dalla natura in modo che abbia un particolare valore della circolazione attorno al profilo che risulta nel flusso che lascia particolarmente regolarmente il bordo d'uscita. Se l'angolo del bordo d'uscita è finito si ha che è un punto di ristagno. Se il bordo d'uscita è a cuspide si nota come le velocità con cui il flusso lascia il profilo sopra e sotto il bordo di uscita sono finite e uguali. Sia in intensità che in direzione. Sotto le ipotesi che avevamo adottato e facendo si che la linea di corrente fosse una linea di corrente e che la condizione di Kutta[19] fosse rispettata si aveva :

$$C_{M_{LE}} = -\alpha \cdot \frac{\pi}{2}$$

a questo punto posso fare il seguente ragionamento basato sul fatto che sto trattando dei profili sottili, e quindi posso dire che la velocità indotta in un qualunque punto del profilo da un vortice posto in un altro punto del profilo stesso può essere approssimata mediante quella indotta sullo stesso punto dal vortice immaginato proiettato sull'asse delle ascisse ossia sulla corda del profilo. Questo non reca molta differenza proprio perché il profilo è sottile e quindi la distanza tra i due punti è limitata. A questo punto quantifico la velocità che viene indotta mediante la legge di Biot Savart

$$dw(x) = \frac{\gamma(x')dx'}{2\pi(x-x')}$$

che posso poi sommare su tutto il profilo. Se poi combino questa relazione colla condizione della tangenza del flusso alla parete del profilo ottengo la equazione integrale che va risolta per conoscere la distribuzione di vorticità:

$$\frac{1}{2\cdot\pi}\int_0^c \frac{\gamma(\xi)d\xi}{x-\xi} = U_\infty\left(\alpha - \frac{dz}{dx}\right)$$

questa generalmente si risolve numericamente, oppure analiticamente nel caso il profilo sia simmetrico[20]. Ma se non siamo in questo caso fortunato ma nel caso generico, e nessuna simmetria ci venga in aiuto, come bisogna fare? Se il profilo non è simmetrico le cose si complicano per la presenza della curvatura. In tal caso non usiamo la densità di circolazione qualsiasi ma una sua opportuna espansione in serie:

$$\frac{\gamma(\vartheta)}{U_\infty} = -\left[a_0 \cot g\left(\frac{\vartheta}{2}\right) + \sum_{n=1}^{\infty} a_n \cdot (\sin(n\vartheta))\right]$$

ossia ho espanso mediante Fourier la densita di distribuzione della vorticità. Osservando questa relazione sembrerebbe di non aver risolto un gran che. Siamo infatti passati dal dover calcolare infiniti gamma dell'integrale al dover calcolare infiniti coefficienti a_n ! Ma ci accorgiamo subito che questi ultimi sono completamente indipendenti dalla velocità, al contrario dei primi, e per di piu, utilizzando opportune hp, usando pochissimi termini dello sviluppo in serie consentono di ottenere buone approssimazioni delle grandezze che ci servono. Così ho ora in mano uno strumento potentissimo che mi permette di sapere tantissime cose sul corpo che sto considerando con un piccolissimo impiego di risorse di calcolo. Quindi posso ottenere grandi messi di informazioni sulla ala infinita in un modo molto semplice.

Abbiamo visto come si ottiene la

$$\frac{1}{2\pi}\int_0^c \frac{\gamma(\zeta)d\zeta}{x-\zeta} = -U_\infty\left(\alpha - \frac{dz}{dx}\right)$$

la soluzione di questa eq, ripeto, deve ovviamente soddisfare le condizioni al contorno. Ottengo così la

---

[20] Infatti nel caso simmetrico si riduce alla:

$$\frac{1}{2\cdot\pi}\int_0^c \frac{\gamma(\xi)d\xi}{x-\xi} = -U_\infty \cdot \alpha$$

$$C_{M_{LE}} = -\frac{C_L}{4}$$

soluzione analitica $\square(\square)=...$ *che sostituita nella eq dà infatti un'identità. Se integro la* $\square$ *su tutta la corda ottengo la* $\square$ *e quindi la portanza* $L=\square\square\square U_\square^2 c$. *Per il coefficiente di poretanza arrivo ad ottenere* $C_L=2\square\square$ *mentre per il momento vengo ad ottenere la* :

$$M = \int_0^c \rho U_\infty \gamma \zeta d\zeta = -\rho U_\infty^2 \alpha \frac{c^2}{4}\pi$$

con coefficiente $C_{Mc/4}=C_{Mle}+C_L/4=0$ *per cui al quarto della corda c'è il centro di pressione. inoltre:*

Se il profilo è sym si ha $C_{Mc/4}=0$. **Torniamo ora al foglio vorticoso , so che un elementino di questi riesce a generare una portanza pari a:**

$$dL = -\rho \cdot U_\infty d\Gamma = -\rho \cdot U_\infty \gamma(\xi) d\xi$$

Il momento generato dagli elementini di foglio vorticoso sarà:

$$dM_{LE} = -dL \cdot \xi = \rho \cdot U_\infty \gamma(\xi) \cdot \xi d\xi$$

per cui integrando si ha:

per cui il relativo coefficiente sarà espresso in termini di C_L dalla:

ora un momento è trasferibile e si ha che posso farlo facilmente mediante la:

$$C_{M_{\frac{C}{4}}} = C_{M_{LE}} + \frac{C_L}{4}$$

se però osservo la (i)

37. Applicazione per profilo simmetrico: C_D e C_L.

Nel caso simmetrico la $\dfrac{1}{2\cdot\pi}\displaystyle\int_0^c \dfrac{\gamma(\xi)d\xi}{x-\xi} = U_\infty\left(\alpha - \dfrac{dz}{dx}\right)$ si riduce alla:

$$\frac{1}{2\cdot\pi}\int_0^c \frac{\gamma(\xi)d\xi}{x-\xi} = -U_\infty\cdot\alpha$$

Si vede che la circolazione che si ha su un'ala infinita simmetrica dipende dalla sua inclinazione[21] e dalla velocità con cui sta' volando. Per continuare la risoluzione uso il cambiamento di variabile

$$\xi = \frac{c}{2}(1-\cos\vartheta)$$

che permette di mettere tutto in funzione di un angolo[22] (quindi piu facilmente trattabile) al posto della □. Si ottiene allora

$$\frac{1}{2\cdot\pi}\int_0^c \frac{\gamma(\vartheta)\cdot\sin\vartheta\, d\vartheta}{\cos\vartheta - \cos\vartheta_0} = -U_\infty\cdot\alpha$$

di questa equazione integrale la soluzione analitica è la

$$\gamma(\vartheta) = -2U_\infty\alpha\frac{1+\cos\vartheta}{\sin\vartheta}$$

che sostituita nell'equazione integrale dà l'identità e soddisfa la condizione di Kutta. Se prendo questa soluzione e la integro su tutta la corda ottengo la circolazione totale

$$\Gamma = \int\gamma(\xi)d\xi = \int\gamma(\vartheta)\frac{c}{2}\cdot\sin\vartheta\cdot d\vartheta = -\pi\alpha U_\infty c$$

---

[21] un'ala simmetrica non può basarsi sulle differenze geometriche tra ventre e dorso per la generazione del Lift per cui si deve servire della inclinazione per generare la portanza.

[22] Questo cambiamento di variabile schiaccia il profilo sull'asse delle ascisse in pratica.

ma posso calcolare anche il momento al bordo d'attacco

$$M_{LE} = \int \rho \cdot U_\infty \gamma(\xi) d\xi = -\rho \cdot U_\infty^2 \alpha \cdot \frac{c^2}{4}\pi$$

Mediante Kutta Joukowskij ottengo poi la portanza che è il risultato che volevo

$$L = -\rho U_\infty \Gamma = \rho \pi \alpha U_\infty^2 c$$

e quindi il coefficiente di portanza:

$$C_L = \frac{L}{\frac{1}{2}\rho U_\infty^2 S} = 2\pi\alpha$$

che diagrammata dà origine alla nota dipendenza lineare,

"ho via via piu portanza man mano che inclino l'ala, offro infatti sempre più area di impatto alla corrente che giunge dall'infinito"

Nella realtà sappiamo che questa comoda dipendenza lineare è valida solo fino ad una certa inclinazione del profilo rispetto alla corrente, infatti dopo un certo angolo di attacco si viene a scatenare un nuovo fenomeno lo STALLO che altera le carte in tavola. Inoltre la legge data per il C_L ad alfa nullo si annulla ricorda bene che è cosa vera solo per profili simmetrici che stiamo trattando.

38. **Momento, centro di pressione e centro aerodinamico per profilo simmetrico.**

    mi rendo conto che per profili simmetrici il coeff di momento al quarto di corda è nullo , per cui il quarto di corda è il CENTRO DI PRESSIONE in questi profili simmetrici , dove centro aerodinamico (che non dipende da □) e centro di pressione coincidono. Questa simmetria quindi porta al collasso su un singolo punto di due oggetti molto importanti nelle nostre trattazioni, ricorda come in meccanica del volo questi punti siano di importanza predominante . A questo punto abbiamo sufficientemente curato i casi semplici e possiamo passare ad applicare la teoria di Glauert ad un corpo di forma qualsiasi.

39. *Flusso intorno profili asimmetrici.*

Abbiamo visto la teoria di Glauert applicata al caso di profilo simmetrico

Ora cerchiamo di calcolare, colla teoria di Glauert , importanti caratteristiche aerodinamiche di un profilo generico come il CL e il Cm[xix], vedremo come ciò sia possibile servendosi di soli 3 termini dello sviluppo di Glauert !
$$\frac{\gamma(\vartheta)}{U_\infty} = -\left[a_0 \cot g\left(\frac{\vartheta}{2}\right) + \sum_{n=1}^{\infty} a_n \cdot (sin(n\vartheta)) \right]$$
che sono gli a0 a1 a2, lo sviluppo effettivamente soddisfa Kutta . Questi vengono espressi in termini di q . Ecco perché questa teoria ha preso così piede, è facile e permette di ottenere subito approssimazioni di ciò che conta sapere!

E' possibile ottenere una soluzione approx per un profilo componendo più soluzioni semplici. Colla distribuzione di vorticità avevamo ottenuto una valutazione delle velocità per profili sym ,colla teoria di Glauert una valutazione per camber line parabolica. Componendo le due soluzioni posso ottenere una valutazione della velocità per un profilo reale da cui posso poi ricavare il Cp. Abbiamo poi visto come ,una tale soluzione, interagiva alla presenza di un angolo di attacco. Si può anche seguire una strada diversa che conduce a soluzioni analitiche servendosi delle <u>trasformazioni conformi</u>[xx].

40. *Centro di pressione e centro aerodinamico per profilo con inarcamento.*

    Profili sym e non sym. <u>Centro aerodinamico</u>[xxi] e <u>centro di pressione</u>[xxii]. Definisco come centro aerodinamico :" Il punto rispetto al quale il momento delle forze aerodinamiche agenti sul profilo rimane costante al variare dell'incidenza". Invece il <u>fuoco</u> di un profilo era il punto ,della corda, rispetto al quale il momento delle forze agenti sul profilo era costante ,la sua posizione non varia coll'incidenza. La posizione invece del <u>centro di pressione</u> dipende dall'incidenza! Il centro di pressione si sposta verso il fuoco man mano che l'incidenza aumenta ,in contemporanea il valore della portanza aumenta per controbilanciare la diminuzione del braccio, ciò perché il momento dato da braccio per risultante delle forze aerodinamiche deve mantenersi costante.

41. *Incidenza di portanza nulla.*

    <u>Incidenza di portanza nulla</u> ,si può notare come la portanza non si annulli coll'incidenza nella maggior parte dei casi dei profili ,la sola eccezione è rappresentata dai profili simmetrici . Angolo di attacco assoluto.

42. *Calcolo del flusso intorno ad un arco di parabola.*

    Posso considerare quello che accade se al posto di un profilo vero e proprio prendo una configurazione geometrica ben più semplice[23],

---

[23] Ma che ricorda molto da vicino i profili finissimi che vennero utilizzati nei primissimi velivoli.

43. Stabilità dell'ala.

Posso ricordare come l'ala sia di per se stessa instabile . Solo opportune disposizione più complesse possono garantire una buona stabilità al più pesante dell'aria.

44. Effetto del piano di coda e flaps

Una opportuna disposizione ala piano di coda può costituire un interessante e semplice dispositivo per garantire la stabilità all'aereo.

L'estensione dei flaps in un'ala ne incrementa sia la superficie alare quanto la curvatura permettendo un rapido e importante incremento della portanza , ciò permette di avere un aereo in grado di rimanere in volo anche a velocità molto più basse di quelle in configurazione normale. Permette anche di incrementare le sue doti STOL basta vedere quanto accade per i velivoli tipo lo G-222 ampiamente dotati di tali orpelli.

45. Studio di un biplano.

I primi profili alari erano senza spessore, ad imitazione delle ali degli uccelli, pertanto avevano bisogno di sostegni esterni per non collassare strutturalmente alla minima variazione di carico. Ecco che allora la disposizione biplana assicurava questo sostegno piuttosto che una soluzione monoplana. Un biplano può produrre esattamente la metà della resistenza indotta che produrrebbe un monoplano colla stessa apertura alare, infatti questa resistenza è funzione del quadrato della portanza generata. Quindi se la portanza è divisa tra le due ali ognuna di queste avrà solo un quarto della resistenza indotta dell'ala monoplana. Purtroppo la mutua interferenza tra le due ali previene il raggiungimento di questo pieno beneficio. Quindi con un buon progetto si può arrivare ad ottenere solo una riduzione fino al 30 per cento di questa resistenza. La distanza tra le due ali è importante. se questa distanza tende a divenire infinita si riesce effettivamente ad ottenere il dimezzamento della resistenza indotta, ma questo è impossibile da avere nella pratica, anche grandi distanziamenti non sono possibili visto che porterebbero a pesi grandi e forti resistenze per le strutture che dovrebbero poi connettere le due ali. Ecco allora che ci si deve ridurre a distanze limitate tra le ali e ciò scatena la interferenza. Sovente accade che le due ali non abbiano la stessa lunghezza, ma la più alta sia anche ad apertura piu grande[24], si osserva come una disposizione di questo tipo accentui notevolmente la resistenza indotta ed infatti fu usata perché consentiva una maggiore visuale[25]. Importante è anche l'aggetto esistente tra le due ali, una aggetto positivo significa che l'ala superiore è più vicina di quella inferiore al muso dell'aeroplano. L'aggetto ha un piccolissimo ruolo nell'incremento della resistenza e viene usato solitamente per incrementare la visuale del pilota. Si usa sovente un diverso angolo di attacco per le due ali in modo che una stalli prima dell'altra. Questo consente un controllo naturale dello stallo ovviamente. Le ali di un biplano possono presentare una freccia per incrementarne la stabilità, per quanto detto in meccanica del volo, per incrementare la visuale anche.si deve notare come per il biplano possa trovare il centro aerodinamico a circa il 23% della corda aerodinamica principale piuttosto che al 25% come accadeva al monoplano.

46. Aumento di portanza per effetto suolo.

In prossimità del suolo si nota come decresce la resistenza mentre si incrementa la portanza nella stessa maniera in cui un incremento di allungamento avrebbe effetto sugli stessi parametri (vedi il report NACA 705 del 1939) man mano che mi avvicino al

---

[24] Si pensi al CR-32
[25] (e visto cosa accadde proprio per i Fiat CR-32 e 42 migliorava le caratteristiche di velocità e manovra riducendo la resistenza, ma probabilmente quella aerodinamica di attrito e di forma visto che la corrente si trovava ad interferire con una minore area di impatto e una minore superficie alare, quindi questi vantaggi compensavano gli svantaggi dovuti alla maggiore resistenza indotta)

suolo mi accorgo che l''*la aumenta la sua portanza, perché accade questo? Posso in qualche modo prevedere e quantificare questa maggiorazione?*

47. Equazione della linea portante di Prandtl. <u>TEORIA DI PRANDTL PER L'ALA FINITA</u>[xxiii][26]

Cosa accade se considero una <u>ala finita</u>[xxiv]? Ossia un'ala che termina, che ha apertura alare limitata? Si perché finora abbiamo considerato una situazione fisica non riproducibile in natura, quella dell'ala infinita, per ottenere una congrua semplificazione del modello fisico matematico su cui si sviluppava la teoria ed infatti abbiamo visto che ottenevamo una teoria bidimensionale molto semplice. Prandtl cerco di sviluppare delle linee di pensiero che consentissero una semplificazione del problema della portanza del caso tridimensionale rendendolo cosi accessibile al calcolo matematico. Queste linee sono:

Hp1   l'ala è costituita da una linea di portanza perpendicolare alla direzione di volo.

Hp2   Questa linea di portanza sia costituita da un vortice a circolazione variabile che consenta di modellizzare il fatto che la portanza può variare lungo l'apertura

---

[26] Una ala portante, di apertura finita, emette dalle estremità dei vortici di uscita, visibili talvolta sugli aeroplani in certe condizioni di umidità atmosferica. Questi vortice di uscita, che vanno sempre più allungandosi, contengono energia cinetica. Perché questa energia cinetica sia fornita con continuità alla aria attraverso cui l'ala passa occorre che le ali operino sulla aria applicando una forza. La reazione a questa forza è la resistenza indotto dovuta alla portanza.

Hp3 Per questa variazione di circolazione lungo l'apertura nascono vortici liberi che si estendono a valle

Hp4 Il flusso prodotto dal sistema vorticoso lo posso considerare come una PICCOLA PERTURBAZIONE della corrente fondamentale relativa all'ala

HP5 Siccome così sono in piccole perturbazioni posso supporre che i vortici liberi possono seguire la direzione originale di volo senza arricciarsi immediatamente come supponeva la ipotesi di Lancaster

HP6 Il flusso nelle vicinanze della sezione lo posso calcolare colla teoria bidimensionale di Kutta Joukowskij

Sotto queste hp troverò come mediante la teoria di Kutta Joukowskij che la portanza in un elemento sia funzione lineare dell'angolo di incidenza tramite un coefficiente di proporzionalità che però non dipende dall'allungamento. La teoria di Prandtl permette di giungere a due obiettivi:

1° Determinare la distribuzione della portanza lungo l'apertura alare a patto di conoscere la geometria dell'ala.

2° Determinare le correnti delle velocità indotte o l'energia necessaria al moto a patto di conoscere la distribuzione di portanza sopraddetta

Al primo problema si sono date varie soluzioni , analitiche, grafiche, o basate su troncamenti di serie come il metodo dello stesso Karman. Però l'equazione integrale di Prandtl non permette di trovare la circolazione se l'incidenza supera certi limiti, inoltre se l'allungamento è troppo piccolo ho che non posso supporre bidimensionale la corrente e quindi viene a crollare una delle ipotesi cardine della teoria!

48. *Passaggio dalla teoria dell'ala infinita a quella dell'ala finita. Velocita indotta e resistenza indotta. Ala ellittica.*

Immaginiamo ora di effettuare effettivamente il passaggio da un modello all'altro ossia dal bidimensionale al tridimensionale.

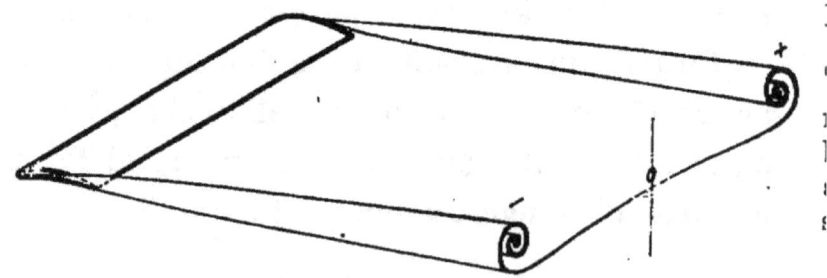

Quando un'ala finita parte i vortici che si producono alle sue estremità sono corti e la loro influenza sull'ala sarà piccola. Pertanto il vortice di avviamento e quindi la portanza all'avviamento per un'ala finita non sarà molto diversa da quella di un'ala infinita , le cose vanno progressivamente incrementando man mano che l'ala finita mette in campo i suoi effetti tridimensionali per una velocità piu sostenuta o una incidenza piu grande

Si può usare la messe di risultati ottenuti dalla teoria dell'ala infinita di Glauert correggendola poi per gli effetti tridimensionali dovuti alla finitezza dell'ala ossi per i vortici di estremità e l'angolo di downwash che essi determinano. Dalla teoria dell'ala infinita avevamo ottenuto :

$$C_L = 2\pi\alpha \quad -- \quad \Gamma = \pi c \alpha U_\infty \otimes \quad L = \rho U_\infty \Gamma \quad --$$

il downwash dovuto alla finitezza alare comporta una modificazione dell'angolo di attacco che ora diviene:

$$\alpha_{effettivo} = \alpha_{geometrico} - \frac{w_{indotta}}{V_\infty}$$

$$\odot$$

dove $\alpha_{geometrico}$ è in generale l'angolo di attacco per portanza nulla . l'angolo di downwash indotto può essere ottenuto mediante la legge di Biot Savart :

$$\alpha_{Downwash} = \frac{w_{indotta}}{V_\infty} = -\frac{1}{4\pi U_\infty} \int_{-b/2}^{b/2} \frac{(d\Gamma/dy)_{a\,la\,y}}{y - y'} dy'$$

$$\oplus$$

usando l'espressione per Γ data dalla teoria bidimensionale ossia la $\otimes$, colla $\odot$ e la $\oplus$, visto che la $\otimes$ è ora:

$$\Gamma = \pi c U_\infty \alpha_{effettivo}$$

si ottiene che:

$$\alpha_{effettivo} = \alpha_{geometrico} + \frac{1}{4\pi U_\infty} \int_{-b/2}^{b/2} \frac{(d\Gamma/dy)}{y - y'} dy' = \frac{\Gamma}{\pi c U_\infty}$$

che è una relazione che ci permette di ottenere la distribuzione della circolazione lungo l'apertura alare.

La equazione integrale puo risolversi colluso della Serie di Fourier per rappresentare la distribuzione di circolazione:

$$L_y = 4\pi b \sum_{n=1}^{\infty} A_n \sin n\theta$$

Dove $y = \frac{b}{2}\cos\theta$ dove 0 (alla estremita alare) $\leq \theta \leq \pi/2$ (alla radice alare)

Cosi posso dire che:

$$\Gamma = L_y \rho U_\infty = 4\pi b \rho U_\infty \sum_{n=1}^{\infty} A_n \sin n\theta$$

sostituendola quindi alla equazione integrale ottengo:

$$\alpha_{geometrico} - \frac{1}{2\pi U_\infty b} \int_0^\pi \frac{d\Gamma}{d\theta} \frac{1}{a_l(\cos\theta - \cos\theta')} d\theta' = \frac{2}{\pi^2 q b c} \sum_{n=1}^{\infty} A_n \sin n\theta = \alpha_{geometrico} + \frac{1}{\pi^2 q b^2} \int_0^\pi \sum_{n=1}^{\infty} A_n \frac{n \cos n\theta}{\cos\theta - \cos\theta'} d\theta'$$

Se andiamo ad integrare otteniamo:

$$\frac{2}{\pi^2 q b c} \sum_{n=1}^{\infty} A_n \sin n\theta = \alpha_{geometrico} - \frac{1}{\pi^2 q b^2} \sum_{n=1}^{\infty} n A_n \frac{\sin n\theta}{\sin\theta}$$

Per alcuni casi particolare di ala i calcoli precedenti possono essere considerevolmente ridotti

ALA ELLITTICA

In questo caso particolare mi accorgo che qualora vada a rappresentare la distribuzione di portanza con un solo termine della serie di Fourier ottengo la:

$$L(y) = 4L\pi b \sin\theta = 4L\pi b\sqrt{1-\left(\frac{y}{b/2}\right)^2}$$

Che rappresenta la <u>distribuzione ellittica di portanza</u>.

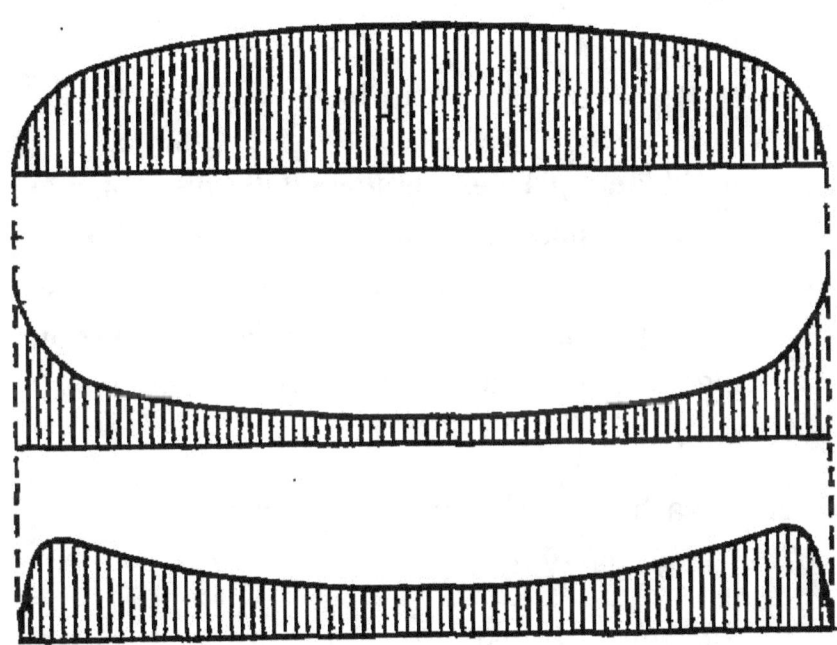

In questo caso l'angolo di downwash diviene semplicemente:

$$\alpha_{downwash} \equiv \frac{w_{indotta}(y)}{V_\infty} = -\frac{1}{4\pi U_\infty} \int_{-b/2}^{b/2} \frac{(d\Gamma/dy)}{a\,la\,y-y'}dy'$$

e si nota come l'integrale sia costante in per cui si ottiene la:

$$\alpha_{downwash} = \frac{L}{\pi q b^2} = \frac{C_L}{\pi AR}$$

siccome abbiamo visto come la distribuzione lungo l'apertura alare dell'angolo di downwash sia costante ho che la distribuzione del sarà paria a :

$$C_l = 2\pi\left(\alpha - \frac{C_L}{\pi AR}\right)$$

se l'angolo di attacco è costante lungo l'apertura allora anche il lo sarà :

$$C_L = \frac{1}{S}\int_{-b/2}^{b/2} C_l\, y\, c\, dy$$

Ossia:

$$C_L = 2\pi\alpha - \frac{C_L}{\pi AR} = \frac{2\pi AR}{AR+2}\alpha$$

Se noi abbiamo già l'espressione della distribuzione di portanza possiamo usarla per calcolarci i coefficienti A_n incogniti della espansione di Fourier. Ottenutili possiamo calcolare sia la distribuzione dell'angolo di downwash sia la resistenza indotta. Infatti:

$$\alpha_{downwash} \equiv \frac{w_{indotta}(y)}{V_\infty} = -\frac{1}{4\pi U_\infty}\int_{-b/2}^{b/2} \frac{(d\Gamma/dy)_a}{y - y'}\,dy'$$

$$\Gamma = 4\pi b \rho U_\infty \sum_{n=1}^{\infty} A_n \sin n\theta$$

Sostituendo e calcolando si ottiene il cosiddetto **INTEGRALE DI Glauert** che da:

$$\alpha_{downwash}(\theta) = \frac{1}{\pi q b^2}\sum_{n=1}^{\infty} n A_n \frac{\sin n\theta}{\sin\theta}$$

questa è la formula che ci permette di ottenere l'angolo di downwash sul piano dell'ala per una arbitraria distribuzione dei carichi. Per l'Ala ellittica, riguardo la , si ottiene:

$$w = v + iw = iw_0 \sqrt{Z^2 - b^2/2} - 1$$

Dove $Z = y + iz$

il downwash è in questo caso costante solo sul piane dell'ala e sull'ala. Appena me ne allontano varia in maniera considerevole. Pertanto il downwash influenza in modo sostanziale la portanza alare e produce una resistenza aggiuntiva.

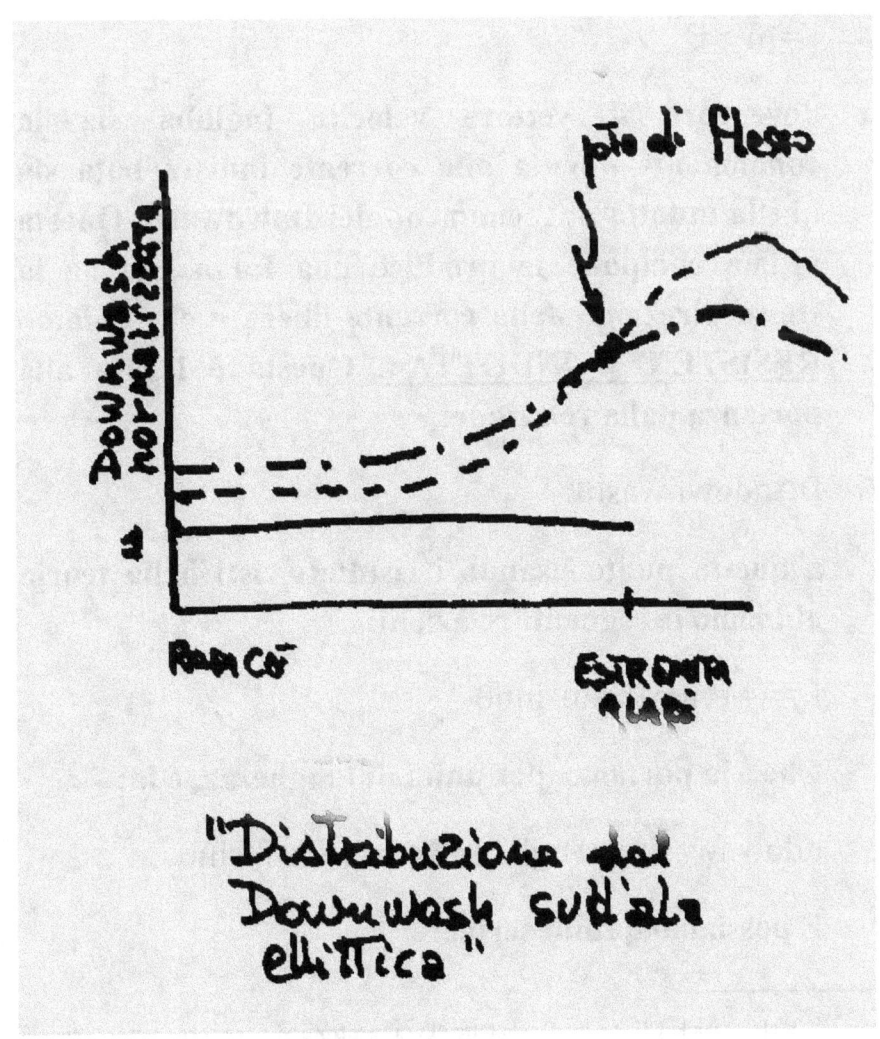

"Distribuzione del Downwash sull'ala ellittica"

Il paradosso di D'Alembert secondo cui un corpo che si muovesse in un fluido inviscido in un modello bidimensionale non produceva resistenza non e´ piu valido nel modello tridimensionale che stiamo esponendo. Infatti il Downwash creato dai vortici di estremità cambia la direzione delle forze generate da ogni sezione:

$$\alpha_{downwash} = \tan^{-1}\frac{w_{ind}}{U_\infty} \cong \frac{w_{ind}}{U_\infty}$$

nel campo tridimensionale la forza per unita di lunghezza che agisce su un filamento vorticoso è pari a :

$$F = \rho V \times \Gamma$$

dove ora il vettore velocita ingloba sia la componente dovuta alla corrente indisturbata sia quella indotta dal fenomeno del Downwash. Questa ultima componente produce una forza che ha la stessa direzione della corrente libera e che chiamo **RESISTENZA INDOTTA**. Questa è legata alla portanza dalla relazione:

$$D \cong \alpha_{downwash} L$$

a questo punto usando i risultati visti nella teoria abbiamo le seguenti relazioni:

$$L_y = 4\pi b \sum_{n=1}^{\infty} A_n \sin n\theta$$

Che è la portanza per unita di lunghezza, e la:

$$\alpha_{downwash}(\theta) = \frac{1}{\pi} \frac{qb}{2} \sum_{n=1}^{\infty} n A_n \frac{\sin n\theta}{\sin \theta}$$

E possiamo quindi scrivere[27]:

---

[27] L'ala , quando è finita, per il solo fatto di venire a trovarsi come corpo estraneo in una corrente induce una resistenza aggiuntiva. Questa resistenza è dovuta agli effetti

$$D_{indotta} = \text{apertura alare} \int D \, dy \, dy = \frac{1}{\pi q b^2} \sum_n n A_n^2 = \frac{L^2}{\pi q b^2 e}$$

Dove con e indichiamo il fattore di Ostwald[28]

Pertanto si può scrivere in termini di coefficienti:

$$C_D = \frac{C_L^2}{\pi AR e}$$

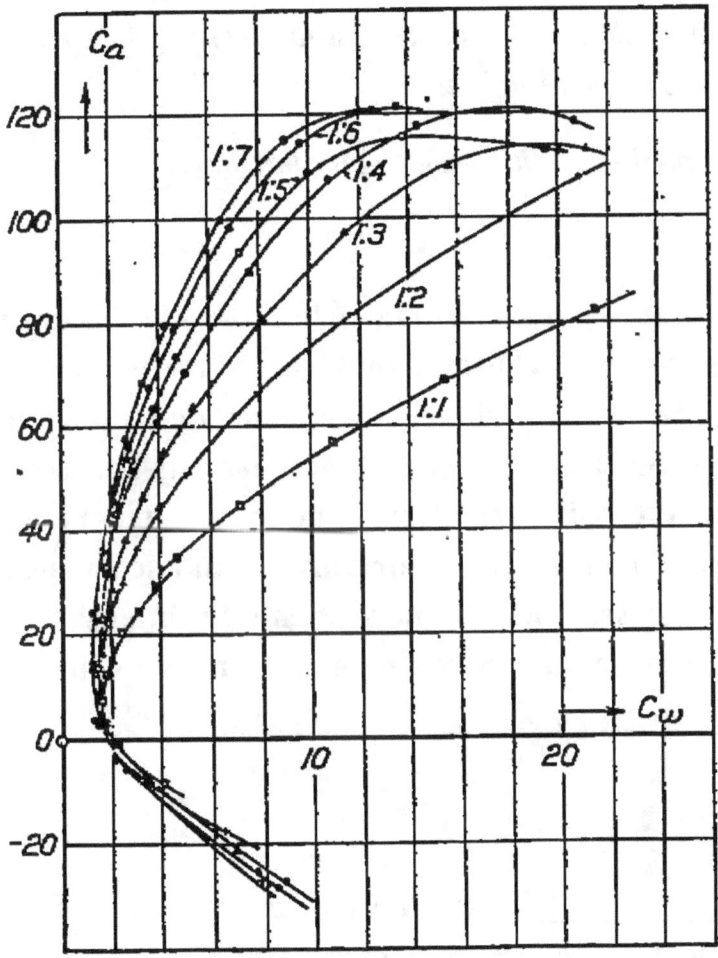

49. Variazione della circolazione lungo l'apertura alare.

---

tridimensionali che essa genera, ossia il flusso non può essere considerato piu bidimensionale come avevamo fatto per l'ala infinita in cui sezione per sezione si aveva un ricalcarsi degli eventi. Ora le variazioni che avvengono in una sezione influenzano quelle in un'altra attigua e cosi via con effetti progressivi che si espandono via via in tutta la apertura alare.

[28] Che viene anche chiamato fattore di efficienza alare lungo l'apertura.

La circolazione man mano che avanzo sull'ala varierà il suo aspetto. Può in qualche modo essere prevista questa variazione? Vedremo come tramite questa teoria è possibile quantificare e modellizzare questa variazione.

50. Equazione fondamentale.

Si arriva così a poter dare una relazione che connette l'aspetto della circolazione alla ascissa di apertura alare in considerazione.

51. Distribuzione ellittica della circolazione.

Avevamo visto come una delle cose che volevamo raggiungere e che abbiamo raggiunto è quella di prevedere quale sia la variazione della portanza lungo una ala. Ora si può pensare di studiare le forme e consistenze alari in modo da ottenere delle distribuzioni di portanza particolarmente vantaggiose. Una di queste, che fu intensamente sfruttata fino a seconda guerra mondiale compresa fu la <u>**distribuzione ellittica di circolazione**</u>[xxv]

La distribuzione ellittica di circolazione è strettamente correlata alla forma ellittica dell'ala, ma non sempre... Si vede anche la costanza della w lungo l'apertura! Ossia anche la velocità indotta dalla portanza generata è costante lungo tutta l'apertura.

Si trova che con la distribuzione ellittica la velocità indotta w della circolazione è costante lungo l'ala, come anche l'angolo di incidenza indotta sarà costante[xxvi]. A questo pto possiamo valutare la portanza e da questa, integrandola, la forza aerodinamica. Infatti la portanza sarà L(y)= - ρ V$_\infty$ Γ(y) che opportunamente integrata dà la forza aerodinamica:

$$F = \int_{-b/2}^{b/2} -\rho V_\infty \Gamma(y) dy = -\rho V_\infty \Gamma_0 \frac{b}{4}\pi$$

Come si vede più l'aereo ha grande apertura più sarà intensa la forza agente su di esso. Lo abbiamo già detto di questo stretto rapporto esistente tra allungamento e sostentamento.

52. Incidenza indotta e resistenza indotta.

Che caratteristiche hanno le ali finite? Innanzitutto queste ali sono rastremate nella maggior parte dei casi anche se questo rappresenta una complicazione costruttiva, sarebbe più facile fare ali squadrate...ma perché lo si fa? Evidentemente permettono di avere dei vantaggi.

Inoltre la finitezza dell'ala comporta l'istaurarsi di una nuova resistenza, detta *indotta*. Vediamo di illustrare a grandi linee il meccanismo fisico che genera questi fenomeni. Si ha che le particelle di aria lasciano l'ala sul dorso convergendo verso la fusoliera, nel ventre invece divergono da essa!

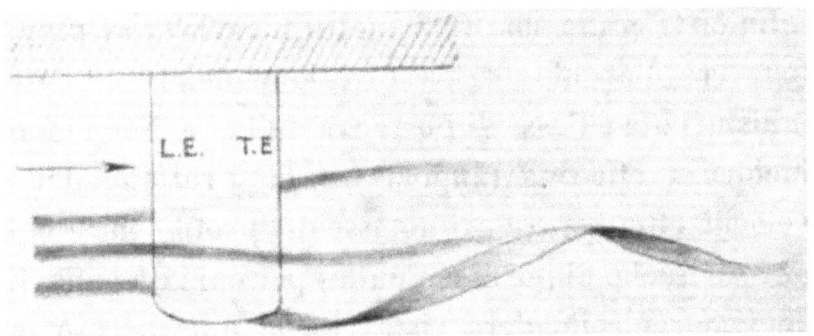

Si generano così dei vortici a valle dell'ala che coalescono a formare una coppia di grandi vortici controrotanti.

Questi influenzano il campo aerodinamico. Infatti, come ogni vortice induce una componente di velocità verso il basso. Questa è la **velocità indotta o di DOWNWASH** diretta verso il basso, che, composta vettorialmente con quella del flusso, dà una velocità che colpisce il profilo da direzione diversa. Tutto questo porta all'istaurarsi di una resistenza aggiuntiva, stò incasinando il fluido disperdendo energia su e sotto, che chiamo **RESISTENZA INDOTTA**[xxvii]. Infatti: per l'instaurarsi di vortici dietro l'ala ho che la velocità all'infinito sarà modificata dalla nascita della velocità indotta o di downwash. Ciò porta ad una riduzione dell'angolo di incidenza effettivo ($\square_e = \square_a - \square_i$) e fa' nascere una nuova resistenza, detta resistenza indotta, che si oppone al moto del fluido. Questa nuova resistenza va' ad accumularsi alle resistenze di pressione (forma)[xxviii] e di attrito (viscoso)[xxix] già viste. Sommandosi a quella di profilo dà luogo alla **RESISTENZA TOTALE DELL'ALA.** Vedremo che in gasdinamica si aggiungerà un ulteriore termine di resistenza, quella dovuta all'interazione tra l'onda d'urto e la corrente. Dicevamo degli angoli di incidenza, ebbene mentre quando avevamo a che fare coll'ala infinita vi erano solo l'angolo di incidenza assoluta (che era l'angolo tra la direzione della corrente indisturbata e l'asse di portanza nulla) e l'angolo di incidenza effettiva (angolo tra la direzione della velocità effettiva e il primo asse del profilo che è poi ancora quello di portanza nulla) per cui i due angoli venivano a coincidere visto che in questo caso la velocità di volo e quella effettiva sono nella stessa direzione, quando passiamo all'ala finita le cose cambiano visto che la finitezza fa scatenare la velocità indotta che va a far mutare la direzione effettiva riducendo cosi l'angolo di incidenza effettiva. Nel caso dell'ala finita ho quindi che l'angolo di incidenza assoluta viene composto dall'angolo di incidenza effettiva e da quello di incidenza indotta che, approssimando, viene dato dal rapporto tra velocità indotta e velocità di volo. Per trovare la circolazione intorno all'ala finita si ricorre alla teoria del <u>vortice a staffa</u>, questa prevede che il filetto vorticoso, che era adagiato sull'ala infinita ,ora, che l'ala è finita ,si pieghi per rispettare i teoremi di Helmoltz che non ammettono l'estinzione del vortice o la sua variazione di intensità lungo la sua linea o nel tempo, dando origine ad una disposizione a staffa[xxx], questa disposizione è costituita da un bound vortex e da due free vortex (che sono poi quelli che si propagano a valle).

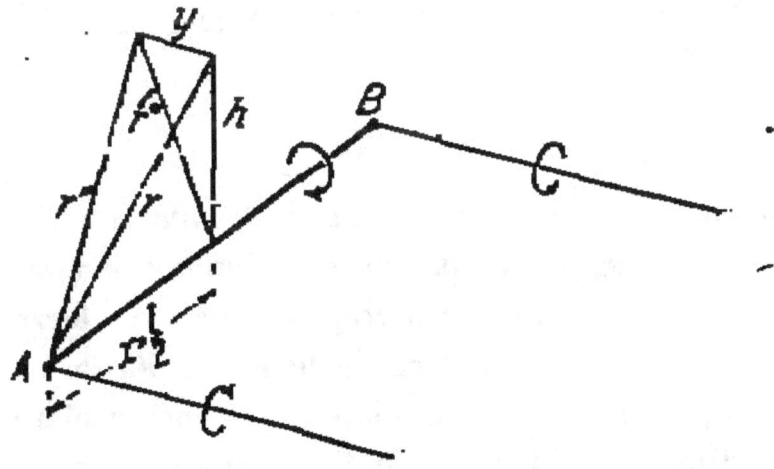

Così facendo genera a valle dell'ala un vortice che si stacca dal Trailing Edge propagando a valle[29].

---

[29] Anche la forma delle estremità alari gioca un ruolo importante nella forma e nella propagazione dei vortici di estremità ecco che allora si cerca di giocare sulle forme delle estremità alari in modo da assicurare delle migliori prestazioni. Una estremità alare arrotondata facilita il flusso che si svolge intorno all'estremità e quindi rende più grande la resistenza indotta ecco perché si usa far finire le ali a punta in modo da sfavorire questo flusso.

Se immagino più filamenti vorticosi sull'ala troverò che questi daranno origine ad una distribuzione di circolazione su di essa. I filamenti vorticosi propagano a valle attorcigliandosi tra loro.

A questo pto è per noi importante valutare quantitativamente la resistenza indotta e la velocità indotta. Questo ci permette di valutare come la finitezza dell'ala giochi sulle prestazioni che questa è in grado di generare. Per far ciò introdurremo la nuova <u>teoria detta di Prandtl</u>. Abbiamo visto come i vortici[xxxi] , lungo la corda, potessero essere uniti in un filetto vorticoso. Ma questi da solo non è in grado di simulare una distribuzione che non sia costante ,come è quella su un'ala. Allora si procede ad usare un fascio di filetti vorticosi che via via si staccano andando a valle. Questi vengono disposti lungo la superficie alare facendone piegare ogni tanto qualcuno, in tal modo si riesce a simulare la variazione di distribuzione di circolazione. Ogni fetta di ala allora contribuirà alla velocità indotta, integrando lungo l'ala otterrò la <u>velocità indotta totale</u>[xxxii].

Il bordo di uscita dei profili alari[30], di una quantità esattamente uguale all'angolo di induzione peraltro questa forza è definita e concepita come una forza ortogonale alla velocità locale della massa d'aria. La nuova portanza inclinata non è più perpendicolare alla direzione del flusso indisturbato da monte. Prende il nome di portanza indotta e dal momento che risulta normale alla velocità locale risultante della massa d'aria ammette quindi rispetto alla traiettorie dei filetti fluidi indisturbati una componente contraria lungo tale traiettoria che rappresenta la resistenza indotta , mentre la componente perpendicolare alla direzione dell'aria indisturbata costituisce la consueta portanza.

Cosa succede a questo punto? La velocità di traslazione uniforme dell'aria si compone in prossimità del fuoco dei profili alari con la velocità indotta di modo che il flusso risultante subisce una deviazione verso il basso di un angolo definito angolo di induzione o altrimenti detto angolo di incidenza indotto. Pertanto questo angolo dovuto agli effetti tridimensionali dell'ala va a decurtarsi all'angolo di attacco originario che usavamo nella teoria bidimensionale per dare un altro angolo detto angolo di attacco effettivo che può essere usato nelle formule (report NACA 682 1939 pag8). Quell'angolo di induzione ha una ampiezza in radianti dipendente direttamente dal coefficiente di portanza e inversamente dall'allungamento. In conseguenza di ciò la portanza inclina verso il bordo di uscita dei profili alari di una quantità esattamente uguale all'angolo di induzione; peraltro questa forza è definita e concepita come una forza ortogonale alla velocità locale della massa d'aria quindi l'effettiva portanza dell'ala diminuisce[31]. In base a quanto otterremo si vedrà che maggiore è il coefficiente di portanza tanto più elevato è il coefficiente di resistenza indotto, infatti dipende dal coefficiente di portanza elevato al quadrato, invece il rapporto di aspetto, se aumenta il coefficiente di resistenza indotta, diminuisce sino addirittura a scomparire se il rapporto di aspetto tende all'infinito, come anche la velocità indotta che tende a zero in tali circostanze. Quindi rispetto all'ala infinita di Glauert si riduce il rendimento, ossia diminuisce la quantità di energia utile che si riesce a

---

[31] tipica in queste considerazioni è un riscontro storico a questo discorso che è quello sull'analisi tecnica del velivolo idrovolante caproni triplano che è riportata nella technical note del naca del 1921 n57. In cui possiamo trovare proprio queste parole, ossia che l'effettivo angolo di attacco è minore di quelo geometrico per questo velivolo cosicche si ottiene una portanza piu Bassa di quella che sarebbe senza l'esistenza del Downwash. La variazione dell'angolo di attacco, si dice, è costante per un particolare tipo di aeroplano e dipende solo dalle dimensione dell'aeroplano stesso???

ricavare coll'ala ora finita[32], ossia il coefficiente di portanza, mentre aumenta l'energia che viene dissipata da questo sistema, misurata dal coefficiente di resistenza.

Valutata che sia la velocità indotta posso arrivare a conoscere la tangente all'angolo di incidenza sull'ala. Il coefficiente di portanza è poi esprimibile come funzione dell'angolo di attacco e dell'angolo di incidenza che per la teoria dell'ala finita è quello effettivo [xxxiii], lo si può mettere anche in funzione della portanza [xxxiv]. Si ottiene alla fine una eq. integrale con unica incognita la distribuzione di circolazione lungo l'ala[xxxv]. Invece di risolvere questa eq. complessa si può usare il procedimento inverso immaginando di avere una distribuzione di circolazione già conosciuta vedendo poi se quanto ho usato soddisfa la realtà

53. Variazione del C_D per ali con diverso allungamento.

Esiste una importantissima quantità che abbiamo in precedenza utilizzato senza definirla: l' ASPECT RATIO[xxxvi]. Questo dà indicazioni sulla geometria dell'ala nel suo complesso e quindi del suo comportamento nel fluido.

---

[32] Questa osservazione può ripetersi anche fra ali finite man man che diminuisce il rapporto di aspetto diminuisce infatti l'efficienza dell'

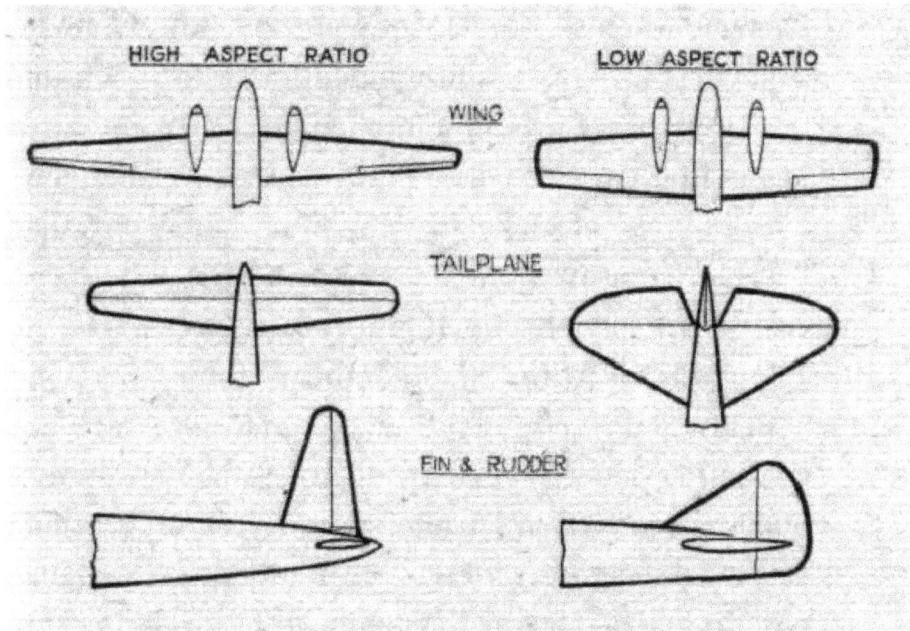

Lo <u>Aspect ratio o allungamento alare[33]</u> viene definito come il rapporto tra apertura alare al quadrato e superficie alare[34] o tra apertura alare e corda media. Nei normali velivoli subsonici di basse prestazioni il suo valore è intorno a 10. Si può notare come scenda ad un valore di circa 3 per velivoli a freccia ed addirittura 2 per velivoli a delta allungati[35] . Perché è così importante? Il rapporto tra area dell'ala e sua apertura ci permette di capire quanta portanza l'ala riesce a creare e in quanto spazio, ciò ci dà indicazioni sulle capacità manovriere ,su quelle di sollevamento , su quelle dell'entità delle forze in gioco. Sbagliare lo aspect ratio si è rivelato distruttivo per la carriera di un velivolo piu volte, tipico è l'esempio del bombardiere Short Stirling , infatti per questo velivolo si scelse una ridotta apertura alare per poterlo ricoverare nelle aviorimesse standard della RAF , unitariamente alla preoccupazione di non spingere il carico alare a livelli troppo elevati ,

---

[33] un buon aspect ratio è molto importante ad esempio per gli alianti per avere un buon angolo di sostentamento ed una bassa velocità di discesa. Oltre a ciò contribuisce alla stabilità di volo. Come peraltro si puo vedere anche sugli uccelli specie quelli marini(naca tn-136 1922 pag6)

[34] Ad esempio per i Macchi Castoldi 200-202-205 era di=$10.58^2/16.8=6.66$ l'allungamento e molto importante l'autonomia. Si vede bene ad esempio nello . Harrier che sostituendo le estremità alari, che comprendono le carenature per l ruote stabilizzatrici laterali, per voli a grande distanza con altre più grandi che aumentano l'apertura alare di circa un metro si ha un aumento della efficienza aerodinamica che giova marcatamente alla autonomia. In tal modo l'allungamento passa da 3.17 a ben 4.07

[35] ricorda il velivolo a delta che servi come velivolo di ricerca per il concorde britannico ossia il Bae ….

portarono cosi ad avere un'ala di notevole superficie ma basso allungamento e quindi con una quota di tangenza alquanto ridotta. Per di piu il basso allungamento o aspect ratio che dir si voglia , avendo come conseguenza che la massima portanza veniva raggiunta per incidenze molto elevate (ossia col velivolo molto inclinato), rese necessario un complesso, pesante ed ingombrante carrello , per assicurare i forti angoli di seduta necessari per consentire ridotte velocità di atterraggio. Come se non bastasse , la fusoliera fini per avere una cospicua sezione frontale , e quindi una resistenza aerodinamica elevata, essendo stata progettata in previsione della possibilità di alloggiarvi i carichi voluminosi degli imballaggi standard in una previsione di impiego multi ruolo del bombardiere anche come trasporto. L'aereo , poi , non era in grado di trasportare grosse bombe , perché i vani bombieri avevano limitate dimensioni per lasciare il corridoi libero e per le sottostutture dell'ala. Ben altro successo ottennero velivoli da bombardamento come il B-24 liberator dove invece l'allungamento era sostanzioso. In altri casi tesi a scopi diversi, è stato scelto un allungamento veramente significativo per esaltare le doti di veleggiatore di un determinato velivolo, sia per alianti veri e proprio che per velivoli destinati a imprese speciali come è accaduto col Voyager destinato a fare il giro del mondo con propulsione a pistoni.

Figura 2 "l'aspect ratio può essere molto alto"

54. Relazione tra portanza ed incidenza in funzione dell'allungamento.

Quindi esiste una L=i(A_R) bisogna scovarla e lo faremo nei prossimi paragrafi.

55. Effetto del rapporto di rastremazione.

Abbiamo visto in che cosa consisteva la teoria del filetto portante e le trattazioni più complesse che prevedono l'uso di un fascio di filetti vorticosi. Si possono ottenere facilmente, per distribuzione ellittica di circolazione, la portanza locale indotta e la resistenza locale indotta. Integrando queste quantità ottengo forza totale e resistenza indotta totale. Reintroducendo il rapporto di aspetto posso scrivere facilmente il coeff di resistenza indotta, questi si vede legato al quadrato del CL per cui l'ala disperde un bel po' di energia in vortici per ottenere portanza più è alto il rapporto di aspetto, più l'ala è parsimoniosa. Abbiamo pure visto come la incidenza indotta sia direttamente proporzionale al coeff di portanza e inversamente proporzionale all'allungamento. E' nel decollo e nell'atterraggio ,dove la portanza deve essere max ,che anche la resistenza indotta raggiunge i suoi picchi. Abbiamo già osservato come esista la cosiddetta **POLARE DELL'ALA** [xxxvii] che è un

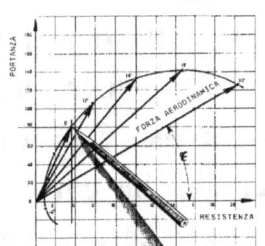

diagramma Fig. 3-19: Rappresentazione della costruzione grafica della polare dell'ala. che mette in relazione portanza, resistenza ed angolo di incidenza. Il rapporto tra coeff di portanza e di incidenza viene chiamato efficienza aerodinamica, più è grande meno potenza è necessaria al velivolo per muoversi. Se grafichiamo le curve del Cl in funzione di alfa al variare del rapporto di aspetto avrò che queste curve divengono sempre più ripide , mentre se grafico il Cd in funzione di alfa al variare del rapporto di aspetto le curve divengono sempre più piatte ossia diminuisce la resistenza[xxxviii] infatti aumentando l'allungamento l'ala viene sempre di più a somigliare ad un'ala infinita diminuendo nel contempo i guai della finitezza. Aumentando il rapporto di aspetto. Si deve notare anche come la polare dipenda dal Mach[xxxix] , più questo è alto più diminuisce il C_{Lmax} ,aumenta il C_D ,e quindi si riduce l'efficienza aerodinamica[xl] max, che era il rapporto tra i due. <u>Svergolamento [36]</u> chiamo così la variazione che le incidenze dei profili di un'ala presentano lungo l'apertura e che viene utilizzata per ottenere migliori caratteristiche aerodinamiche specie alle alte incidenze. L'opportunità che le sezioni più esterne dell'ala, in cui sono presenti gli alettoni ossia le superficie di governo che, se vanno in stallo, annullano le capacità manovriere del velivolo , stallino ad incidenze più elevate rispetto a quelle in cui stallano le sezioni prossime alla fusoliera , porta ad es a ridurre l'incidenza dei profili alle estremità rispetto a quelle dei profili alla radice . Questo è uno svergolamento negativo[xli]:

<u>Rastremazione</u> è caratteristica delle ali specie a pianta trapezoidale, ne esiste una, detta ``in pianta'', in cui si assiste a una progressiva variazione di lunghezza della corda andando dalla radice all'estremità alare ,esiste un altro tipo di rastremazione detta ``in spessore'' in cui si assiste ad un analogo andamento che riguarda questa volta gli spessori.

---

[36] Ricordo nel report naca del 1921 n84 relativo ai mulini a vento il consiglio di svergolare i profili delle pale deio mulini, che sono poi ali, per ottenere piu alti guadagni di potenza detratta dalla corrente fluida.

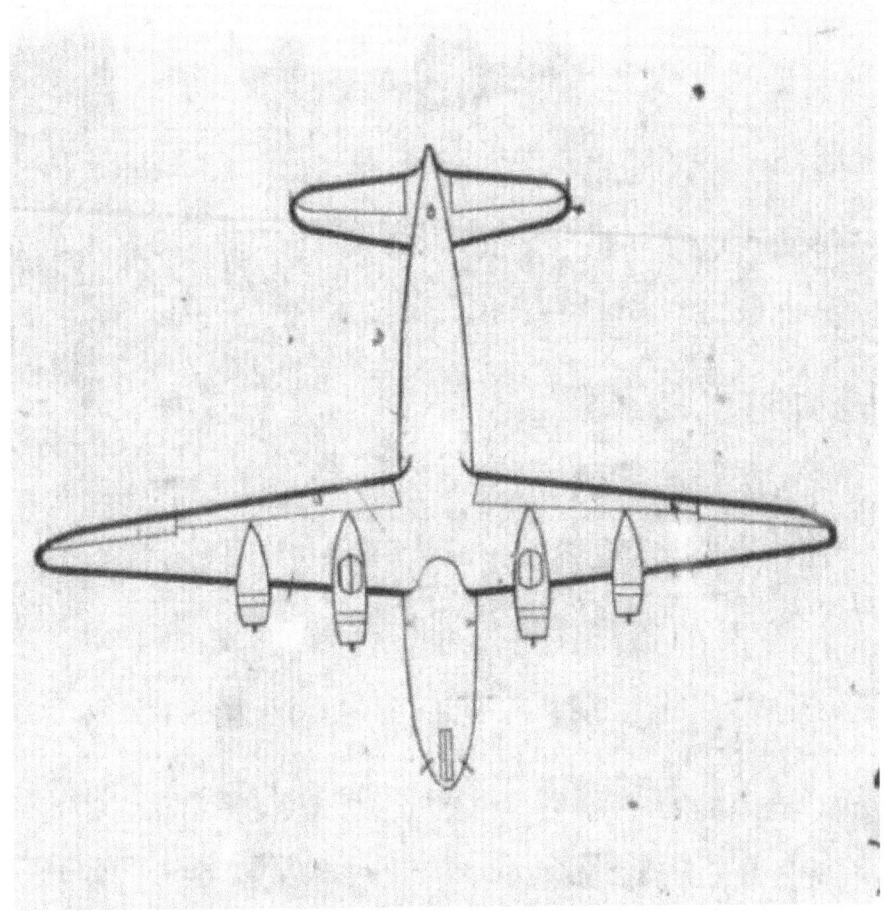

rastremazione in corda dell'ala

La rastremazione oltre ad offrire ovvi vantaggi strutturali[xlii], è benefica aerodinamicamente perché rallenta la caduta in stallo delle estremità alari a patto che non sia eccessiva altrimenti sortisce l'affetto contrario.

α	Rectangular Wing	Per cent wing stall	Tapered Wing	Per cent wing stall
0		0		0
2°		7		13
4°		7		27
6°		20		27
8°		33		40
10°		47		53
11°		47		67
12°		80		80
13°		80		93
14°		73		93
16°		87		93
17°		87		100

illustrazione 2 comportamento dello stallo (in nero) su due diverse geometrie alari al variare dello angolo di attacco

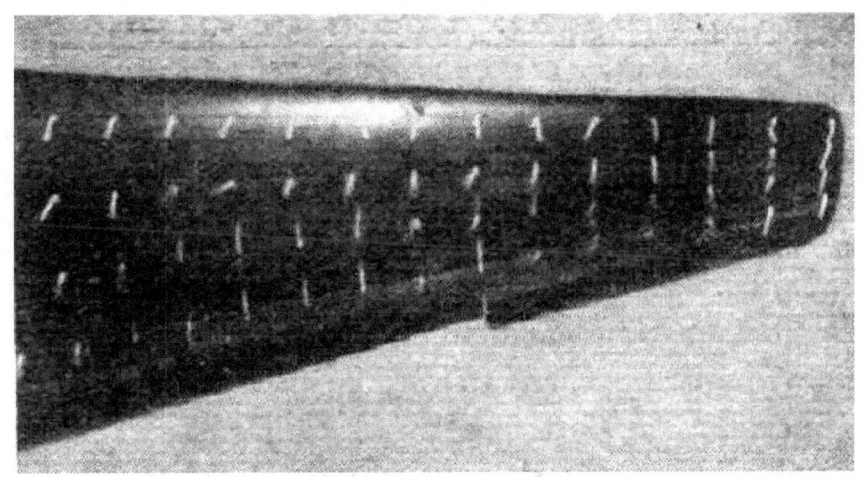

In casi sporadici si usò anche la rastremazione inversa che aumentava le possibilità di governo delle estremità alari e la porzione di ala non ancora in stallo ma portava a ovvi incrementi delle sollecitazioni strutturali.

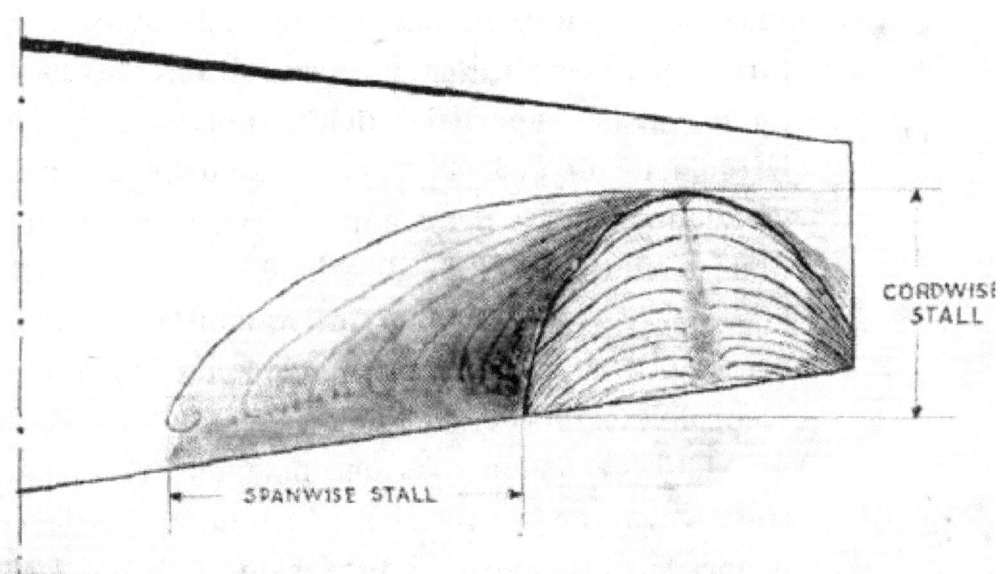

illustrazione 3 propagazione dello stallo su una ala rastremata

56. Caratteristiche principali del moto turbolento.

Nella precedente trattazione si è sempre implicitamente assunta l'ipotesi che il moto del fluido fosse laminare, come avviene nella realtà per bassi valori del numero di Reynolds . Se si considera il moto di un fluido in un condotto rettilineo, si osserva che, finché la velocita all'uscita si mantiene sufficientemente bassa, ogni particella fluida (ogni molecola) si muove con velocità uniforme descrivente una traiettoria rettilinea e particelle a diverse altezze, anche se con velocità diverse, scorrono ordinate in strati fra loro contigui. All'aumentare del numero di Reynolds si osserva che, in corrispondenza un certo valore, scompare questo comportamento ordinato, caratteristico del MOTO laminare. Si verifica cioè la transizione al regime turbolento, nel quale le traiettorie descritte dalle diverse particelle non sono più rettilinee e la velocità è diversa da istante ad istante. La turbolenza viene scatenata meccanicamente in un punto della superficie dell'aeroplano da una irregolarità di qualche tipo. Al moto medio nella direzione dell'asse del condotto si sovrapporre uno MOTO fluttuante[37] in direzione trasversale, che genera un trasferimento di quantità di moto orizzontale da uno stato all'altro e da luogo a un sconvolgimento energetico. In conseguenza di ciò nel moto turbolento si ha una maggiore uniformità trasversale della velocità. In questo caso le proprietà di trasporto le dimensioni delle particelle e la distanza che esse percorrono prima di cedere le loro proprietà ossia la quantità di moto e l'energia dipendono anche dal tipo di moto. La dimensione degli agglomerati (o vortici se si vuole) fluidi, che si formano da essi, si integrano e continuamente per brevi periodi si muovono come un unico corpo, determina la scala della turbolenza che per uno stesso fluido può essere sostanzialmente diversa a seconda della velocità, dalle condizioni a contorno

---

[37] Queste fluttuazioni caotiche coprono scale temporali e dimensionali distribuite come uno spettro continuo, da una microscala ad una macroscala che vengono a costituire il limite inferiore e superiore dello spettro. Le dimensioni spaziali di tali fluttuazioni e le velocità connesse sono funzione della potenza cinetica dissipata nel moto.

ossia dalle pari ci conservativa e dalla storia del fluido. Questi agglomerati trasportano caoticamente (quasi come in moti molecolari ma su distanze maggiori) sia la quantità di moto, che la composizione materiale e il contenuto entalpico che essi posseggono. Perciò essi contribuiscono assai efficacemente e contemporaneamente a tutti i fenomeni di trasporto. Per porre in evidenza lo specifico contributo costituito dal trasporto turbolento solitamente si procede mediando l'equazione del moto, ebbene si vedrà che così facendo incappiamo nella non linearità sostanziale della derivata lagrangiana a primo membro della equazione del moto che porta allo scaturire di un ulteriore addendo che chiameremo tensore degli sforzi di Reynolds. Questo nuovo tensore degli sforzi andrà ad aggiungersi a quello degli sforzi viscosi, e l'opera concomitante dei due porterà all'istaurarsi di nuovi trasporti dovuti alla turbolenza che si cumulano con quelli già visti e che portano ad una maggiore dissipazione di energia cinetica. Le proprietà di trasporto turbolento non sono quindi una caratteristica del fluido ma variano da un tipo di moto a una altro in un moto turbolento o il trasporto Macroscopico domina nettamente sul trasporto microscopico cioè e come se la viscosità e la conduzione termica fossero enormemente maggiori di un fattore 100, 10000 o anche più. Pertanto nel moto turbolento gli sforzi esistenti e la conduzione termica sono molto maggiori che nel MOTO laminare . Abbiamo già parlato della turbolenza in occasione della transizione da laminare a turbolento dello SL. Possiamo quindi ridire che in una corrente turbolenta ,al moto medio del fluido nel senso della corrente si sovrappone un moto irregolare e apparentemente casuale che provoca rimescolio e scambi di massa tra le diverse linee di corrente medie. Questo rimescolio naturalmente determina uno scambio di fluido tra le diverse linee di corrente ma dal punto di vista dinamico ,la vera importanza di questo rimescolio non sta' nel provocare semplicemente uno scambio di massa ma scambi di QUANTITA' DI MOTO tra le linee di corrente: vale a dire che attraverso questo processo di rimescolamento ogni porzione di fluido che si muove lentamente viene rinvigorita ed accelerata dal fluido (che si muove rapidamente) con cui si mescola, mentre quest'ultimo tende a sua volta ad essere rallentato. . La turbolenza si scatena quando il numero di Reynolds diviene grande.

Ma nella matematica della fluidodinamica è già contenuto tutto questo? Ebbene se osserviamo la equazione del moto, (ossia quella di equilibrio delle forze che abbiamo visto, porta, sotto alcune ipotesi aggiuntive alla equazione vettoriale di Navier Stokes) è fortemente non lineare; ciò fa si che non sia assicurata ovunque la unicità dell'esistenza di un campo di moto regolare. Inoltre, nelle condizioni ove il campo di moto non fosse regolare , la struttura dell'equazione è tale da far sì che si manifestino proprietà caotiche nel moto stesso, le quali costituiscono la base di quella che è definita turbolenza. Il parametro critico al fine della transizione del moto da regolare a turbolento è il numero di Reynolds come peraltro già visto. Nei velivoli lo SL sulle superfici dell'aereo è quasi tutto turbolento. Nel mondo delle cose piccole e poco animate o inanimate la turbolenza non la conoscono!! Nella turbolenza sono importanti le scale dei fenomeni. L'aumento di gradi di libertà n che si registra all'aumentare della turbolenza , va' come $Re^{9/4}$. Si usano le medie e le scomposizioni di Reynolds per capire i fenomeni , e le parti mediate presenti in queste vengono fatte mediante la

$$\overline{U_i} = \int_0^\infty P(U_i) U_i dU_i$$

o meglio andrebbero fatte con questa che è la <u>media statistica</u>, ma, essendo i fenomeni che noi studiamo <u>ergodici</u>[xliii] la media statistica coincide con quelle temporali e spaziali per cui si usano queste ultime che sono molto più semplici e facili da usare! Come si è detto, un moto turbolento può essere considerato come la sovrapposizione di un moto medio e di un moto fluttuante nel tempo. Un moto turbolento non è quindi mai realmente stazionario e quando si parla di moto turbolento stazionario si intende riferirsi alla invariabili sta nel tempo della velocità immediata su di un tempo sufficientemente. Indicando con la solidi oppure valori miti e collana la componente fluttuante. Queste grandezze così composte possono essere sostituite all'interno delle equazioni di Navier Stokes scritte nel caso stazionario incomprensibile e di cui poi andiamo a considerare la media temporale di ogni termini tenendo conto delle proprietà di media. Se facciamo questo processo ci accorgiamo come le equazioni di Navier Stokes la ricezione del l'ultimo termine che contiene l'uscita di fluttuazione sono formalmente identiche alle originarie dove andiamo sostituire alle varie grandezze e i loro valori medi. La cosa veramente nuova è che nel moto turbolento oltre il tensore degli sforzi che si aveva nel MOTO laminare si deve considerare il tensore degli sforzi di Reynolds. L'effetto di questo tensore degli sforzi di Reynolds sotto l'analogo l'effetto del tensore degli sforzi viscosi, cioè che equivale a un aumento della viscosità. Siccome poi il tensore degli sforzi di Reynolds e molto più grande del tensore degli sforzi viscosi ho che la viscosità turbolenta è in genere nettamente prevalente sulla viscosità di tipo molecolare. In definitiva un moto turbolento può essere descritto dalle stesse equazioni usate per il MOTO laminare, purché si sostituiscano alla grandezza istantanea i loro valori nel tempo. Essi includono gli sforzi turbolenti aggiuntivi. Le equazioni per lo strato limite turbolento tridimensionali, incompressibile è stazionario risultano quindi:

$$\varrho\left(\overline{u}\frac{\partial \overline{u}}{\partial x}+\overline{v}\frac{\partial \overline{u}}{\partial y}+\overline{w}\frac{\partial \overline{u}}{\partial z}\right)=-\frac{\partial \overline{p}}{\partial x}+\mu\nabla^2\overline{u}-\varrho\left[\frac{\partial(\overline{u'^2})}{\partial x}+\frac{\partial(\overline{u'v'})}{\partial y}+\frac{\partial(\overline{u'w'})}{\partial z}\right]$$

$$\varrho\left(\overline{u}\frac{\partial \overline{v}}{\partial x}+\overline{v}\frac{\partial \overline{v}}{\partial y}+\overline{w}\frac{\partial \overline{v}}{\partial z}\right)=-\frac{\partial \overline{p}}{\partial y}+\mu\nabla^2\overline{v}-\varrho\left[\frac{\partial(\overline{u'v'})}{\partial x}+\frac{\partial(\overline{v'^2})}{\partial y}+\frac{\partial(\overline{v'w'})}{\partial z}\right]$$

$$\varrho\left(\overline{u}\frac{\partial \overline{w}}{\partial x}+\overline{v}\frac{\partial \overline{w}}{\partial y}+\overline{w}\frac{\partial \overline{w}}{\partial z}\right)=-\frac{\partial \overline{p}}{\partial z}+\mu\nabla^2\overline{w}-\varrho\left[\frac{\partial(\overline{u'w'})}{\partial x}+\frac{\partial(\overline{v'w'})}{\partial y}+\frac{\partial(\overline{w'^2})}{\partial z}\right]$$

Per quanto riguarda le condizioni a contorno, che si sono espresse del MOTO laminare. Ciò comporta atti alla parete, oltre ad annullare la velocità media, debbono essere nulli anche le velocità di fluttuazione. Pertanto alla parete sono nulli gli sforzi turbolenti. Poiché invece alla pareti non sono nulli gli sforzi viscosi, nelle immediate vicinanze della parete stessa esiste una zona nella quale, a differenza da quanto accade nel resto del campo, gli sforzi viscosi pari dominano sugli sforzi turbolenti e nella quale quindi il flusso è di tipo laminare. Questa zona è molto sottile, all'incirca l'1% dello spessore dell'intero strato limite, e prende il nome di sottostrato laminare. Naturalmente il passaggio dal sottostrato laminare, dove prima dominano gli sforzi viscosi, allo strato limite turbolento, dove dominano gli sforzi turbolenti, avviene con gradualità e esiste quindi una zona di transizione nella quale i due sforzi sono fra loro con farà il punto a questo punto mi posso chiedere quali siano i parametri caratteristici della turbolenza. La turbolenza è un fenomeno estremamente complesso, che può manifestarsi in forme fra loro molto diverse. Pertanto non solo non se ne può dare una rappresentazione matematiche esatta, ma è anche difficile darne una descrizione completa. Una valutazione delle caratteristiche della turbolenza può però aversi attraverso la conoscenza di parametri quali la intensità, la distribuzione in frequenza nella scala della turbolenza. L'intensità della turbolenze è definita come:

$$I = \frac{v_x'^2 + v_y'^2 + v_z'^2}{3v}$$

Si osserva che l'intensità della turbolenza vari al variare della distanza dalla parete e presenta un massimo in prossimità di essa. Se andiamo a riportarci nello stesso campo l'andamento per lo sforzo di meno lusso per affrontando lo sforzo totale ci accorgiamo che mentre nella zona centrale del canale le due curve coincidono lo sforzo è quindi del tutto turbolento, alla parete lo sforzo di Reynolds è nullo lo sforzo è quindi del tutto laminare. La struttura spaziale della turbolenza può essere valutata osservando contemporaneamente le fluttuazioni in due diversi punti e determinando il coefficiente di correlazione.

Ci accorgiamo come essa rappresenti una misura della dimensioni della massa fluida che si muove solidalmente, cioè della grandezza degli agglomerati turbolenti. Questa lunghezza caratteristica determina la scala della turbolenza.

Se osserviamo le equazioni per i flussi turbolenti, che si sono ottenute precedentemente, osserviamo che compaiono gli sforzi di Reynolds. Essendo quindi il numero delle incognite maggiori di quello delle equazioni, il problema non è matematicamente risolvibile se non attraverso l'introduzione di equazioni aggiuntive. Questo approccio, che apporta ai modelli di turbolenza una, due o più equazioni, è però notevolmente complesso. Un'altra via per rendere risolvibili le equazioni è quella di esprimere gli sforzi turbolenti in funzione dei valori medi delle componenti di velocità. Tuttavia, poiché le caratteristiche della turbolenza variano da un problema l'altro, questo tipo di relazioni tra sforzi e velocità medie non ha validità generale ma è relativo al particolare caso fisico considerato. Inoltre per stabilire queste relazioni è necessario far ricorso ad ipotesi di carattere puramente ideali, introducendo dei coefficienti che possono essere determinati solo in base al confronto con risultati sperimentali.

La teoria, dovuta a Prandtl, che verrà di seguito esposta e la cui validità è limitata al flusso in prossimità di una parete, viene talvolta estesa al flusso in canali. In considerazione del fatto che lo sforzo di Reynolds ha lo stesso effetto di uno sforzo viscoso, esso può essere espresso in forma analoga.

Il coefficiente che prende il nome di viscosità dinamica turbolenta, non è però una proprietà del fluido, come accadeva per la viscosità dinamica, ma dipende a sua volta dalla velocità media del fluido. In particolare i risultati sperimentali hanno mostrato che lo sforzo in un flusso turbolento è proporzionale al quadrato della velocità anziché essere direttamente proporzionale alla velocità come accade in un flusso laminare. Ciò significa che la viscosità dinamica turbolenta deve essere proporzionale alla velocità. Al fine di determinare la dipendenza della viscosità dinamica turbolenta dalla velocità consideriamo il fenomeno fisico della turbolenza schematizzato nel modo seguente. Un agglomerato fluido che si trovi a una quota avrà una velocità pari alla velocità media a quello quota, questo agglomerato si muove trasversalmente al moto principale come se fosse un corpo solido e si porta dalla quota originaria a una quota più bassa spostando il fluido che ivi si trovava. In realtà all'agglomerato varia di dimensioni. Durante il suo MOTO non mantiene al contempo completamente la velocità dello strato di provenienza, ma assume parzialmente la velocità degli strati attraversati. La distanza che separa lo strato di partenza da quello di arrivo dello agglomerato prende il nome di <u>lunghezza di mescolamento di Prandtl</u>. In corrispondenza allo strato di arrivo nel punto in cui si è portato l'agglomerato avrà quindi un aumento di velocità che può essere stimato.

Analogamente per l'agglomerato che proviene dallo strato sottostante si avrà una diminuzione di velocità.

Per quanto riguarda l'origine del moto trasversale, cioè della fluttuazioni di velocità, consideriamo due agglomerati che si muovono nello strato di arrivo uno proveniente dallo strato superiore e l'altro dallo strato inferiore. Se agglomerato turbolento precede quello più veloce e si prenderanno raggiunge una velocità relativa pari al doppio della componente fluttuante orizzontale che ha fatto espellere verso l'alto e verso il basso il fluido interposto fra essi. Viceversa, se il più veloce precede il più lento, e si allontanano uno dall'altro richiamando da sopra e sotto un fluido a riempire lo spazio che essi hanno lasciato vuoto. In entrambi i casi si genera una velocità di fluttuazione verticale che per la continuità, localmente sempre valida, deve essere dello stesso ordine di grandezza della componenti di fluttuazione orizzontale. Quindi la media del prodotto delle due componenti fluttuanti può essere valutata e in più osservo che se a componente verticale fluttuante è positiva, cioè l'agglomerato arriva dal basso, si ha una diminuzione di velocità, cioè la componente fluttuante è orizzontale e negativa analogamente, se la componente fluttuante verticale è negativa avrò invece che la componente fluttuante orizzontale è positiva. Pertanto il prodotto delle due componenti fluttuante è quindi sempre negativo e il suo valore medio è perciò diverso da zero. Si può allora assumere una valutazione della media del prodotto delle due componenti fluttuanti . Fatto questo mi accorgo che posso ottenere una valutazione dello sforzo turbolento dal confronto sulla vecchia definizione di sforzo turbolento. Posso ottenere un espressione per la viscosità turbolento . Questo è un notevole passo avanti perché mentre non avevamo nessuna idea degli ordini di grandezza della viscosità dinamica turbolenta ora possiamo averlo della lunghezza di mescolamento .

Proprie dei flussi turbolenti sono diverse caratteristiche :

- Casualità ;i flussi turbolenti sono irregolari, caotici, e non prevedibili.

- Non linearità; i flussi turbolenti sono altamente non lineari. Lo si vede dalla non linearità dei parametri come il Reynolds che facilmente sforano i valori critici. Lo si nota anche in fenomeni come il vortex stretching, un fenomeno chiave che permette ai flussi turbolenti tridimensionali di mantenere la loro vorticità.

- Diffusività (Diffusivitat[38]); dovuta al miscelarsi macroscopico di particelle fluide , trovo che i flussi

---

[38] Diffusivitat turbulente D (diffusività turbolenta).

turbolenti sono caratterizzati da un rapido rateo di diffusione della quantità di moto e del calore.

> Vorticità (Durchwirbelung): la turbolenza è caratterizzata da alti livelli di vorticità fluttuante. Le strutture identificabili in un flusso turbolento sono chiamate scale. Nei flussi turbolenti ne esistono un enorme numero. Le grandi scale contengono la maggior parte dell'energia. L'energia viene trasportata dalle grandi alle piccole scale da interazioni non lineari, qui viene dissipata per diffusione viscosa.

> Dissipazione ; il meccanismo del vortex stretching trasferisce energia e vorticità per incrementare la strizione e lo allungamento del vortice[39].

Le variabili in un flusso turbolento non sono deterministiche nei dettagli pertanto vanno trattate come variabili stocastiche o casuali. Se le variabili con cui abbiamo a che fare non variassero nel tempo potremmo definire una grandezza nel solito modo ossia mediando nel tempo, visto che la grandezza si muoverebbe intorno ad uno stesso valore solo per effetto delle fluttuazioni. Ma se ho a che fare con grandezze che variano nel tempo in questo caso anche a media diviene funzione del tempo e non si può usare la solita procedura di media perché non possiamo sapere come prendere largo l'intervallo di tempo per ben valutare la nostra grandezza.

57.Scale della turbolenza.

---

[39] è l'allungamento del vortice che si registra su un flusso di fluido quando in questo la vorticità nella direzione dello stiramento. Se il flusso e' di un fluido incomprimibile, siccome deve conservarsi la vorticità, il vortice verrà stirato ossia diverrà piu sottile aumentando la velocita angolare e mutando sezione trasversale da circolare ad ovale Bisogna infatti ricordare come la vorticita sia il rotore della velocita per cui ci dice quanto "ruota " il flusso..

Importanti nel moto turbolento sono le scale dei fenomeni che avvengono , il matematico russo Kolmogorov ha in questo caso ottenuto una buona teoria riguardante queste scale .

58. Media temporale e media d'insieme.

La media temporale è la media su un intervallo di tempo che si suppone lungo rispetto ai tempi di variazione dei singoli vortici , ma breve rispetto a quelli del moto medio. Si suole fare uso anche di medie d'insieme (o spaziali) al posto delle temporali. Per questo ultimo tipo di medie si considera un insieme di molti sistemi fisici identici che differiscono solo per le condizioni iniziali, ottenute mediante una qualsiasi distribuzione casuale. Si nota che per una turbolenza omogenea , la media spaziale è sicuramente la piu appropriata.

59. Decomposizione di Reynolds.

L'influsso della turbolenza sul flusso medio venne studiata da Reynolds , che partì dall'equazione di Navier Stokes per il flusso incompressibile, e vi sostituì ad ogni velocità la somma di due contributi di velocità per poi effettuare le medie. Si ottiene così un tensore chiamato tensore degli sforzi di Reynolds. In certe circostanze questo "sforzo" ha le stesse dimensioni dello sforzo dovuto alla viscosità , e pertanto viene chiamato viscosità del vortice, dato che deriva dal trasporto del momento dovuto ai vortici, nello stesso modo in cui la viscosità ordinaria, deriva dal trasporto del momento dovuto alle molecole. Nel flusso turbolento l'effetto della viscosità vorticosa domina quello della viscosità molecolare. Uno degli obiettivi primari della teoria statistica della turbolenza è quello di poter determinare il tensore degli sforzi di Reynolds in certe condizioni particolari.

60. Teoria della lunghezza di mescolamento.

Se penso ad un flusso a strati piani e paralleli come quello dello strato limite, se il flusso è turbolento suppongo che gli elementi di fluido si suppone che gli elementi di fluido si muovano, in media, per una certa distanza prima di perdere il loro momento, mescolandosi al fluido circostante. Se un elemento di fluido appartenente ad uno strato si mescola con quello di un altro si ha un trasferimento di quantità di moto tra elemento e fluido circostante. Proprio nella stessa maniera con cui una molecola di gas cede una quantità di moto in una collisione dopo aver viaggiato per un tratto uguale al cammino libero medio. In base a questo ragionamento posso dire come ogni componente del tensore di Reynolds abbia in generale una dipendenza dalla "distanza di mescolamento" cioè del tipo :

$$\tau_{xy} = \rho l^2 \left| \frac{d\overline{u}}{dy} \right| \frac{d\overline{u}}{dy}$$

ossia di una quantità che è dell'ordine della distanza media percorsa da un elemento di fluido. Se conoscessimo questa lunghezza di mescolamento potremmo utilizzare ognuna delle relazioni definitorie gli sforzi di Reynolds come equazioni differenziali per la velocità media del flusso. Delle formule analoghe a quella sopra vista basate su lunghezze di mescolamento sono usate spesso per il calcolo del trasporto del calore mediante convezione turbolenta e nel caso del trasporto di una sostanza che si sta mescolando con altre.

affusolati 46
affusolato 16
ala finita 76
Angolo di attacco assoluto 71
ANGOLO DI INCIDENZA DI PORTANZA NULLA 55
appendici aerodinamiche 56
area della pianta 28
ASPECT RATIO 94
Birnbaum-Ackerman-Glauert 58
bound vortex 91
camber line parabolica 70
campo potenziale esterno 35
Centro aerodinamico 71
centro di pressione 71
CENTRO DI PRESSIONE 69
CL 55
coefficiente di resistenza 44
coefficienti di resistenza 28
condizione di impermeabilità 62
condizione di Kutta 66
corpi tozzi 46
corpo tozzo 16

densità di circolazione	62; 66
densita di distribuzione della vorticità	66
di Prandtl	31
distribuzione ellittica di circolazione	88
DOWNWASH	89
eq di Blasius	37
eq. di Prandtl	38
eq. di Blasius	38
eq. di Von Karman	48
eq. Faulkner-Skan	41
eq. integrale di Von Karman	48
equazioni di Blasius	47
ergodici	103
fattori di scala	37
fenomeni di trasporto	101
Flaps	51
foglio vorticoso	61
free vortex	91
fuoco	71
gradiente di pressione avverso	45; 50
INCIDENZA DI STALLO	55
Kutta	62
l'angolo di incidenza assoluta	90
l'efficenza aerodinamica	97
L'affusolamento	29
lastra piana	37
legge di Biot Savart	62
media statistica	103
Metodo di Pohlhausen	54
paradosso di D'Alembert	58
POLARE DELL'ALA	97
portanza	21; 52; 54; 58; 64; 71; 93; 96
pressione	16; 31; 53; 67; 71; 90
profilo	21; 37; 41; 48; 51; 58; 70; 89
rapporto di forma	28
Rastremazione	98
resistenza aerodinamica	38
resistenza d'attrito	25
resistenza di forma	21; 22; 24
resistenza di profilo	22
resistenza indotta	27
RESISTENZA INDOTTA	90
RESISTENZA TOTALE DELL'ALA	90
scale	102

SCIA	15
separazione	55
Short Stirling	95
sistema di Prandtl	36
SKELETON	57
soluzioni simili	47
SPESSORE DELLO SPOSTAMENTO	41; 42
spessore di quantità di moto	43
spessore di scostamento	39; 43
Spoilers	49
STALLO	69
strato limite	12; 14; 16; 17
Svergolamento	97
tensione alla parete	39
tensioni di taglio	26
teorema di Kutta Joukowskij	62
teoria del filetto portante	96
teoria del vortice a staffa	90
teoria detta di Prandtl	91
Teoria di Glauert o del filetto vorticoso per profili sottili (skeleton)	64
teoria vorticosa di Glauert	60
tozzo	44
Trailing Edge	91
trasformazione di Blasius	37
trasformazioni conformi	70
TURBOLENZA	99
velocità di stallo	56
velocità indotta	89
velocità indotta totale	92
virata	50
vortex sheet	61

---

[i] *lo strato limite può assumere due andamenti laminare o turbolento. Il deflusso laminare è caratterizzato dalla direzione dei filetti fluidi , praticamente parallela alla superficie, mentre quello turbolento presenta un movimento intricato delle traiettorie percorse dagli stessi con notevolissimo scambio di energia tra gli strati . Si passa dall'uno all'altro attraverso il punto di transizione, punto che avanza verso il bordo di attacco aumentando la velocità di*

scorrimento. La transizione viene favorita anche dalle asperità e dalla curvatura troppo accentuata della superficie del corpo. Lo strato limite turbolento genera inoltre una resistenza all'avanzamento nettamente superiore rispetto allo strato limite laminare.

ii   Dal pto di separazione in poi le equazioni dello strato limite cessano di valere.

iii   Lo strato limite non è un'entità astratta ma lo vediamo all'opera ogni giorno. Una superficie posta in una vena fluida che scorre parallelamente ad essa e osserviamo l'andamento della velocità a distanze crescenti dalla superficie. Per l'adesione dovuta alla scabrezza della superficie, si forma a contatto con questa un sottile strato d'aria immobile. Il filetto fluido che scorre sopra questo strato ha una velocità via via che ci allontaniamo avremo velocità più alte finché non arriviamo a un filetto che ritorna a possedere le velocità di regime della vena fluida, tutto questo avviene in pochi millimetri. Nella vita di tutti i giorni lo SL lo vediamo all'opera quando la polvere rimane ferma sulla superficie di una vettura anche quando questa è spinta ad altissime velocità. O anche quando, su una spiaggia ventosa, ci sdraiamo a terra per non subire l'ingiuria del vento che troviamo qui "insolitamente" debole. Su un aereo le dimensioni dello SL sono quelle di un cartone da imballaggio, ma in questo spazio così piccolo si vengono a destare delle forze così grandi da far passare a zero delle velocità di centinaia, migliaia di Km/h. E' il primo filetto immobile che esercita, proprio perché immobile, una resistenza di tipo viscoso sullo strato superiore e così via. Questa azione frenante è dovuta alla viscosità del fluido, ovvero alla resistenza tangenziale offerta da un filetto fluido a quello contiguo, in presenza di moto relativo.

iv   E' anche importante amplificare il campo dello SL, intrinsecamente molto piccolo, coll'uso della tecnica delle soluzioni simili che abbiamo visto già all'opera nel 1° problema di Stokes

v   Si arriva a stabilire che $\delta \cong \sqrt{\dfrac{\nu U}{L}}$

vi   vittime illustri all'esigenza di diminuire la resistenza aerodinamica furono le CONTROVENTATURE pure così utili dal pto di vista strutturale in quanto consentivano di realizzare strutture estremamente leggere e con grande robustezza. Ma il loro uso impediva il raggiungimento di elevate prestazioni proprio per l'alta resistenza che scatenavano, e a nulla valse il tentativo di affinarle aerodinamicamente, progressivamente scomparvero dai velivoli rimanendo confinate negli angusti regni dei velivoli scuola o leggeri a limitatissime caratteristiche di volo.

un classico esempio delle complicazioni cui i primi progettisti dovettero sottostare è qui riportato: Il dover assicurare ad un velivolo come il Caproni Ca 36 la necessaria rigidezza comportò l'uso esteso di controventature con i relativi aggravi di resistenza

vii   queste sono infatti delle PDE del 1° ordine per cui hanno bisogno di una sola eq al contorno per ogni componente della velocità e non più due come prima. Questa condizione è quella di impermeabilità!

viii   ciò ci consente di mettere più in evidenza lo strato limite che è, come sappiamo, molto ristretto.

ix

x   Ossia dell'equazione ODE a cui ci si poteva ridurre dal sistema di Prandtl di due eq differenziali PDE, e che ci consentiva il calcolo del flusso stazionario incompressibile con profili simili intorno ad una lastra piana viene ora estesa anche a tutti i flussi in cui la velocità della corrente sia esprimibile come potenza dell'ascissa

xi   detti anche ipersostentatori. Nota che questi non sono sempre presenti, alcune volte, se presenti, darebbero gravi guai. Ad es se li *avesse il Concorde, velivolo a delta ogivale, si creerebbero ,se usati, gravi instabilità, in quanto un delta manca dei piani di coda orizzontali(aviazione oggi 1° fascicolo). E' sostanzialmente una porzione di ala ricavata verso il bordo di uscita capace di ruotare intorno ad un asse in modo da modificare la curvatura del profilo. La sua estensione in volo provoca depressione sul dorso esasperandone la sostentazione come fa un profilo concavo-convesso che a parità di incidenza ha un Cl maggiore di un profilo biconvesso sym. Fa' aumentare il Cl max quanto più quanto più è grande la sua deflessione e sposta l'angolo di incidenza di portanza nulla a valori inferiori.*

[xii] *Gli SLOT sono fessure sulla parte anteriore dell'ala che mettono in comunicazione l'aria in sovrapressione del ventre con quella in depressione del dorso. Gli SLAT sono invece alule che si spostano in avanti automaticamente, e allora sono le vecchie Hadley-Page per intendersi(nel volo veloce sono mantenute aderenti al bordo d'attacco alare dalla pressione del vento relativo, nel volo lento vengono aspirate in avanti dalla forte depressione che, in tali condizioni, si verifica al bordo d'attacco)!!Questi ipersostentatori anteriori permettono di aumentare la incidenza a cui si ha lo Stallo! Funzionano così :dirigono sul dorso alare aria ad alta velocità prelevata dalla zona ventrale del bordo d'attacco , ciò consente di ritardare apprezzabilmente i fenomeni di stallo esaltando così le doti portanti dell'ala. Aerei famosi che le montarono furono lo S-79 e il Me-109. Si deve notare che questi dispositivi garantiscono soddisfacenti doti di stallo agli aeroplani con ala a sbalzo che hanno generalmente prestazioni aerodinamiche insoddisfacenti conseguenti alle necessità del progetto strutturale.*

[xiii] *per ottenere questo effetto si muovono concordemente verso il basso, in questo modo modificano la forma del profilo, ne aumentano la curvatura, ripeto che funzionano sul principio che , entro certi limiti,(40°/50°),un profilo sviluppa coefficienti di portanza tanto più elevati quanto più accentuata è la sua curvatura.*

[xiv] *Là dove si scatena lo STALLO . Infatti ricordo che sul dorso del profilo il flusso crea depressioni che assumono il massimo valore in corrispondenza all'incirca del massimo spessore del profilo. Superato tale punto le sezioni di deflusso, e con esse le pressioni statiche riaumentano gradualmente. Il flusso quindi, per procedere sulla superficie superiore dell'ala, deve vincere queste pressioni crescenti, vi riesce fintantoché lo scarto non è eccessivo. Se aumento alfa ad un dato momento si raggiungerà questo valore soglia, si desta così un riflusso verso monte che interessa progressivamente il dorso dell'ala a partire dal bordo d'uscita e risalendo in questo che è un TUBO DI VENTURI IDEALE fino alla sezione dove troverò la pressione statica minima. Questa inversione di velocità provoca un aumento della dimensione della scia con sollevamento progressivo dello strato limite e quindi distacco. Il bilancio tra le forze è tale che si ha una pura resistenza all'avanzamento e niente più sostentazione!*

[xv] *Noto infatti che l'unica valutazione della resistenza l'abbiamo ottenuta colla teoria dello SL che è ben diversa da quella del fluido ideale*

[xvi] *ricorda che solo un vortice o un vortice distribuito come è in effetti il vortex shitt può ingenerare la circolazione necessaria all'ottenimento della portanza sul profilo=ala infinita.*

[xvii] *I profili sottili non sono stati impiegabili in aeronautica fino all'avvento dei nuovi materiali per i loro limiti strutturali, infatti ho con loro una minore rigidezza strutturale, però quanto si ottiene con questa teoria si riesce ad impiegare perché la perturbazione che un profilo reale induce sulla corrente di aria può scomporsi nella somma di tre perturbazioni indipendenti una dovuta allo spessore del profilo*

una dovuta all'incurvamento della linea media che è considerata come un profilo senza spessore e una dovuta all'incidenza

xviii *Anche se ciò va' a scapito delle doti di portanza . Queste 2 ultime ipotesi saranno adottate anche in Gasdinamica quando si vorranno raggiungere velocità elevatissime come vedremo.*

xix *Infatti ottenendo la $C_L=\sum a_n A_n$ si ottiene la $C_L=a_0\pi+a_1\pi/2$ .E' per il C_M che viene usato il terzo ed ultimo coefficiente per cui si ha $C_M=-\pi/4(a_0+a_1-a_2/2)$. Il C_L è esprimibile come somma di due angoli $C_L=2\pi(\alpha+\alpha_0)$*

xx *Coll'uso di una funzione analitica riesco a trasformare i punti di un piano in punti di un altro piano. Sappiamo che dei numeri complessi esiste la rappresentazione planare di Gauss, pertanto la funzione analitica permette di associare ad un numero complesso generico un altro numero complesso. Tra le funzioni analitiche o trasformazioni, ne esistono di particolari dette trasformazioni conformi che ,in scala infinitesima, sono similitudini e conservano gli angoli, nel senso che se due linee del piano z si tagliano secondo un angolo anche le due linee corrispondenti del piano zita si taglieranno secondo lo stesso angolo. In particolare a due famiglie di curve mutuamente ortogonali del piano z corrispondono due famiglie mutuamente ortogonali del piano zita : da ciò segue che se abbiamo sul piano z le linee equipotenziali e quelle di corrente di un moto di fluido ideale , la trasformazione conforme fà loro corrispondere due famiglie ortogonali che rappresentano le linee equipotenziali e di corrente del nuovo piano zita. Tutto ciò è possibile ovunque tranne i punti critici. qui la derivata di zita (funzione trasformazione) si annulla o diviene infinita. (Mattioli 338)*

Conoscendo il campo potenziale intorno al cerchio determino, mediante la trasformazione, quello intorno ad un'altra figura . Da un altro punto di vista poi la conoscenza di questo potenziale permette di arrivare a calcolare le velocità e quindi le pressioni e da queste le forze.

xxi *Il centro aerodinamico viene variato enormemente dalle posizioni che può assumere l'ala in un velivolo a freccia variabile come lo F-111 o lo MRCA*

xxii *vedremo che questo avrà una grande importanza nei problemi torsionali dell'ala in costruzioni.*

xxiii *Dice in pratica che la circolazione intorno ad un'ala finita dà origine, anche se siamo immersi in un fluido ideale, ad una resistenza detta indotta.*

xxiv *Avevamo visto che col paradosso di D'Alembert che sembrava rendere inutile la aerodinamica del fluido ideale (inviscido) non c'erano nè portanza né resistenza, abbiamo visto che colla teoria del filetto vorticoso siamo riusciti a recuperare la portanza ma la resistenza continuava ad essere assente ora con la teoria dell'ala finita di Prandtl si dimostra che anche in un fluido ideale sopra un'ala finita si manifesta una resistenza detta <u>indotta</u>.*

xxv

xxvi *Si può vedere inoltre che la distribuzione ellittica di circolazione può essere attuata con una forma ellittica della pianta alare*

,cosa che gli inglesi ,e non solo loro, misero in atto sul loro caccia più famoso lo Spitfire

xxvii *La resistenza indotta è detta anche resistenza dovuta alla portanza (induced drag=drag due to lift) . Infatti la circolazione attorno all'ala , dalla quale dipende la portanza, produce i vortici di estremità che sono responsabili della resistenza indotta. Viene determinata calcolando la pressione differenziale sul piano medio di curvatura.*

xxviii *questa resistenza è legata alla forma del corpo ed è riconducibile alla separazione dello strato limite.*

xxix questa resistenza è legata all'attrito che si aveva nello strato limite. E' infatti dovuta all'azione viscosa del fluido sulle pareti. Si calcola per le singole componenti dell'aeroplano poi si fà la somma.

xxx questo modello matematico fà sì che si generino a valle dell'ala matematicamente gli stessi vortici che vengono osservati sperimentalmente.

xxxi Ogni vortice puntiforme produce in un pto la componente di velocità ogni semivortice darà metà contributo

xxxii

xxxiii $C_L = 2\pi(\alpha+\alpha_0)$

xxxiv $C_L = \dfrac{L(y)}{\frac{1}{2}\rho \cdot U_\infty c} = -\dfrac{2\cdot\Gamma(y)}{V_\infty \cdot c}$

xxxv infatti si uguagliano le due espressioni del CL per cui
$2\pi(\alpha - \alpha_i + \alpha_0) = -\dfrac{2\Gamma(y)}{V_\infty c(y)}$ che è la eq integrale risolvente.

xxxvi o allungamento. Ad esempio per lo F-16 è di solo 3,75 . Si deve notare come un'ala con ridotto allungamento dà, a parità di potenze motrici istallate, delle quote di tangenza molto più limitate. Questa fù una delle limitazioni del DO-17,DO215

xxxvii vedi 16-5

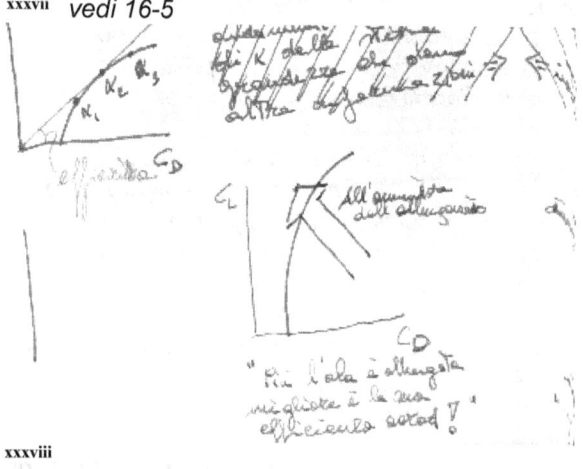

xxxviii

xxxix

xl L'efficienza aerodinamica E è il rapporto tra portanza (o coeff di portanza) e resistenza (o coeff di resistenza).
E=L/D   .Per gli alianti raggiunge addirittura 25/50 ,per gli aerei da trasporto 10/20 , mentre negli aerei da combattimento supersonici scende addirittura a 4/9. Ma in pratica cos'è??
E' quanti Kg l'ala è in grado di sostenere per ogni Kg di resistenza incontrata. Ad esempio E=35 significa che l'ala in questione è in grado di sorreggere 35 Kg di peso per ogni Kg di resistenza incontrata!

xli ricordo peraltro che nei primi velivoli dell'aviazione il ruolo ora svolto dagli alettoni era dominio delle svergolate positive e negative dell'ala effettuate dal pilota con appositi cavi. Il "Flyer" dei fratelli Wright era proprio dotato di un tale dispositivo! Come anche il Bleriot XI, e i primi Etrich "Taube" ,ma anche velivoli successivi lo impiegarono come accadde ad esempio per il Morane Saulnier N e il Fokker E.III , già a guerra inoltrata quindi!

xlii si ha infatti (tranne il caso dello f-94 e prima ancora dello S.V.A.) maggiore sezione alla radice dell'ala dove gravano i carichi maggiori.

xliii Quando un fenomeno è ergodico? Se nell'intervallo di tempo T su cui si fà la media , la fluttuazione assume tutti i valori colla frequenza che a ciascuno compete per la legge della probabilità, la *media temporale coinciderà con quella statistica e il fenomeno sarà ergodico. Non è più necessario predeterminare la funzione di probabilità!*

BIBLIOGRAFIA

- Anderson A History of Aerodynamics: And Its Impact on Flying Machines Cambridge University Press
- Anderson Aircraft performance and design McGraw-Hill, 1999
- Anderson The airplane, a history of its technology American Institute of Aeronautics and Astronautics, 2002
- Chuesov Von Karman Evolution Equations Springer
- Cunsolo L' aria e l'aerodinamica Esa
- Ferrari-Tricomi Aerodinamica transonica Edizioni Cremonese
- Graziani Aerodinamica Ed. La Sapienza
- Katz Low-Speed Aerodynamics Cambridge University Press
- Landau Meccanica die Fluidi Editori Riuniti 1977
- Mattioli Aerodinamica Levrotto & Bella 1982
- Pistolesi aerodinamica ETS 1991
- Pistolesi I concetti e i metodi della moderna aerodinamica Tipografia editrice cav. F. Mariotti
- Pnueli Fluid Mechanics Cambridge University Press
- Raymer Aircraft design American Institute of Aeronautics and Astronautics, 1989
- Roskam Airplane Aerodynamics & Performance DAR corporation, 1997
- Stinton The anatomy of the airplane American Institute of Aeronautics and Astronautics, 1998
- Torenbeek Synthesis of Subsonic Airplane Design
- Von Karman aerodynamics DoverPublications

www.ingramcontent.com/pod-product-compliance
Lightning Source LLC
Chambersburg PA
CBHW081047170526
45158CB00006B/1891